コンピュータネットワークの基礎

福永 邦雄 編著

共立出版

執筆者一覧 (執筆順)

福永　邦雄　元 大阪府立大学大学院工学研究科．工学博士
汐崎　　陽　大阪府立大学大学院工学研究科．工学博士
宮本　貴朗　大阪府立大学総合教育研究機構．博士(工学)
泉　　正夫　大阪府立大学大学院工学研究科．博士(工学)
小島　篤博　大阪府立大学総合教育研究機構．博士(工学)
荻原　昭夫　大阪府立大学大学院工学研究科．博士(工学)

まえがき

　インターネットに代表されるコンピュータネットワークの発展と社会への浸透は目を見張るものがある．特にウェブページに象徴されるインターネットのWWWの利用は，必要とする情報を保有しているコンピュータを選ばず，あたかも目の前のコンピュータ上にあるかのごとく取り出すことができ，しかも多様な形態の情報を取り扱うことができる方法が確立されるに及んで，社会から圧倒的に支持，利用され，情報化社会の中心的な役割を演じている．

　もちろん，コンピュータネットワークはWWWに限らずグリッドコンピューティングと呼ばれるネットワークにつながる数多くのコンピュータを結び，1つの強力な計算機能をもつ計算機として利用できる機能とか，映像配信とかビデオチャットに代表される映像の交換など通信機能を強調する利用など多方面にその威力を発揮しつつある．

　このように，ネットワークを介してコンピュータを結び付け，全体として大きなコンピュータネットワークを構成して，場所とか時間を選ばずネットワークを利用できるシステムの登場は，それ以前には考えることができなかった機能を発揮し，人々の生活自体を変化させるほどの社会的影響力を発揮している．

　コンピュータネットワークは数多くのコンピュータ，OSさらにはアプリケーションの間で情報交換を行うが，これらの条件のもとでの交換となるとネットワークを介した統一的な規約が必要になる．この規約はプロトコルと呼ばれ情報交換は世界的な規模でなされるので，全世界的な規模で標準化されてきている．

　本書はコンピュータネットワークを学び始める人を対象に，ネットワークプロトコルを階層別に概説した後，プロトコルの考え方ならびにプロトコルとして標準化された背景の技術を説明することにより，コンピュータネットワークの仕組みとその機能を理解する方法を採っている．

なお，本書の執筆は1章データ通信と2章のプロトコルの概要は福永邦雄，3章と4章のデジタル通信の基礎は汐崎陽，5章のローカルエリアネットワークは宮本貴朗，6章のデータ交換と7章の7.1は泉正夫，7章の暗号化部分(7.4)は小島篤博，7章の7.2，7.3および8章のインターネットは荻原昭夫が分担執筆した．

最後に，本書の執筆に際して数多くの文献，資料を参考にさせて頂いた．特に参考にした資料は巻末の参考文献として掲載しており，それら以外にも多くの文献，資料を参考にさせて頂いた．それらの執筆者の方々に感謝申し上げる．

2005年11月

福永　邦雄

目　次

1章　データ通信

1.1　コンピュータ通信 ·· *1*
1.2　データの伝送 ·· *2*
1.3　データ通信ネットワーク ·· *3*
1.4　通信ネットワーク ··· *5*
　　　演習問題 ··· *7*

2章　コンピュータネットワークのプロトコル

2.1　OSI モデル ··· *9*
2.2　TCP/IP プロトコル ··· *26*
　　　演習問題 ··· *28*

3章　デジタル通信方式

3.1　ベースバンド伝送方式 ·· *29*
3.2　パルス符号変調 ·· *32*
3.3　時分割多重化 ·· *33*
3.4　誤り制御方式 ·· *33*
3.5　誤り制御符合 ·· *34*
3.6　同期方式 ·· *41*
3.7　伝送モード ··· *44*
　　　演習問題 ··· *45*

4章　デジタル変復調

4.1　信号と周波数 ·· *47*
4.2　搬送帯域伝送方式 ··· *49*
4.3　誤り制御符合と符号化変調方式 ·· *57*
4.4　多元接続 ·· *57*

4.5 符号分割多元接続 …………………………………………………………… 59
4.6 マルチキャリア伝送直交周波数分割多重方式 ……………………………… 62
　　演習問題 ……………………………………………………………………… 64

5章　ローカルエリアネットワーク

5.1 LANとコンピュータネットワーク ………………………………………… 68
5.2 伝送メディアとネットワークの構成 ………………………………………… 68
5.3 IEEE 802 ……………………………………………………………………… 74
5.4 アクセス方式 ………………………………………………………………… 75
5.5 ファーストイーサネットとギガビットイーサネット ……………………… 100
5.6 無線LAN ……………………………………………………………………… 102
　　演習問題 ……………………………………………………………………… 104

6章　データ交換方式

6.1 回線交換 ……………………………………………………………………… 107
6.2 パケット交換 ………………………………………………………………… 109
6.3 フレームリレー ……………………………………………………………… 113
6.4 セルリレー …………………………………………………………………… 116
6.5 デジタルハイアラーキによる多重伝送 ……………………………………… 119
　　演習問題 ……………………………………………………………………… 121

7章　ネットワークプロトコル(TCP/IP)

7.1 IPネットワーク ……………………………………………………………… 124
7.2 TCP/IPのネットワーク層 …………………………………………………… 127
7.3 TCP/IPのトランスポート層 ………………………………………………… 142
7.4 ネットワークセキュリティ ………………………………………………… 150
　　演習問題 ……………………………………………………………………… 161

8章　インターネット

8.1 インターネット ……………………………………………………………… 163
8.2 DNS …………………………………………………………………………… 166
8.3 電子メール(SMTP, POP) …………………………………………………… 171

8.4 遠隔ログイン(TELNET) ……………………………………… *177*
8.5 ファイル転送(FTP) …………………………………………… *178*
8.6 WWW(HTTP) ………………………………………………… *181*
　　演習問題 ………………………………………………………… *183*

　演習問題略解 ……………………………………………………… *185*
　参考文献 …………………………………………………………… *189*
　索　引 ……………………………………………………………… *193*

1 データ通信

　近年のコンピュータとネットワーク技術の進展には目を見張るものがある．特に，集積回路技術の発展はコンピュータの性能を飛躍的に高めるとともに，物理的にも小型軽量化され，われわれの身近な存在になってきている．中でも目につくのはインターネットに代表されるネットワークに接続されたコンピュータの利用である．近頃のオフィスにはネットワークにつながれたコンピュータなしでは仕事が進まないといった状況であり，また家庭でもパーソナルコンピュータは必需品となってきており，日常生活においていろいろな形で利用されている．

1.1 コンピュータ通信

　このように多くのコンピュータを結ぶネットワークの発展は，個々のコンピュータが単体で処理できる事柄をいかに能率よく処理するかの問題とともに，処理結果をネットワークを介して場所を選ばず提示できる能力，また最も効率のよいメディアで表現する方法，また経済性を無視することなくネットワークにつながるコンピュータが保有するマルチメディア情報の交換をスムーズに行うためのネットワーク機能などが重要になってきており，コンピュータを考えるときにコンピュータ間の通信とネットワークの問題は避けて通れない．
　ところで，コンピュータを通信回線でつなぐネットワークの発想は多種多様な利用方法を約束しており，われわれの社会に大きな影響を及ぼしている．
　これらは1つのオフィスとか構内に設置してあるすべてのコンピュータを結

ぶ **LAN**（local area network），公衆回線とか専用線を使って離れた地点にあるコンピュータ間を接続し，データをやり取りする広域通信網（**WAN**，wide area network），さらには広域通信網を用いて個々のLANを結んだネットワークであるインターネットなどがよく知られている．

1.2 データの伝送

通信関係の国際標準化を検討しているCCITT（International Telegraph and Telephone Consultative Committee，現在ではITU-T, International Telecommunication Union―Telecommunication Standardization Sector）では今日のデジタルコンピュータ間の通信を**データ通信**と呼んでいるので，以後データ通信の名称を用いる．

データ通信の説明を始める前にデータについて少し説明する．データは大きく分けるとアナログデータとデジタルデータに分かれる．アナログデータは1.2とか82.675…といったように連続的な数値で表す（実数に対応させる）ことができるものであるのに対して，デジタルデータは'0'とか'1'のようにある離散的な数値で表す（整数に対応させる）ことができるものである．われわれ人間が発声したときの音の強さはアナログデータで表されるのに対して，デジタルコンピュータが基本とする'0'と'1'は2値データで，中間値'0.5'などを許さないデジタルデータである．

今日のデータ通信では伝送の際の信頼性，またデジタルコンピュータとの接続の際の簡便さを考え，基本的には2値データを取り扱う．データ量の単位として，**ビット**（**bit**）が用いられ，基本的には等確率で現れる'0'と'1'のデータのうちどちらか1つを受け取ったとき1ビットのデータを得たとする．また，データ伝送速度の単位はビット/秒（bit per second, bps）が用いられ，1秒間に3000ビットの割合で伝送すると3000 bpsまたは3 kbpsといった表し方をする．

ところで，2値データは単なる符号で，'0'または'1'自身には深い意味はなく，この符号あるいは符号列に意味づけをして初めて具体的な情報となる．したがって情報を伝送する場合，この意味づけ処理が一般には必要になる．

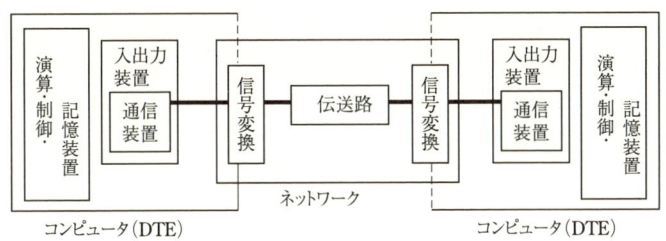

図 1.1 データ通信の構成

　データの伝送はどのような信号形式で行ってもよいが，高速性，伝送に要するエネルギーが少なくてすむなどの観点から，電気信号の形で伝える電気通信（さらにその拡張である光通信）が主たるものである．

　次に，データ通信を行うための構成を調べる．基本的には図1.1に示すように，コンピュータ，通信の言葉でいえば**データ端末装置（DTE** または単に **TE，data terminal equipment）**つまりデータ処理装置とデータ伝送回線からなる．ある情報をデータ端末装置で2値データの形で表し伝送路を介して相手のデータ端末装置に送り，情報を伝える．もう少し詳しく調べると，まずデータ端末装置は演算，制御，記憶装置と通信制御などを含む入出力処理装置からなる．前者は通常のコンピュータの処理部分であり，後者は通信を成立させるための制御を行いながらデータを入出力する部分である．通信制御とは，データを送信するのか受信するのかの選択，さらには通信速度を調整しながら通信するなど，データの送受信に関する制御である．

　一方，データ伝送回線は伝送路と信号変換部（回線終端装置）からなる．信号変換部はデータ端末装置からの信号を通信路特性に応じた信号に変換する部分で，NIC(network interface card)のように通信網上で表す特定の信号波形に変換するとか，公衆通信のモデム（modem）とか ADSL(asymmetric digital subscriber line)などのように適当な変調をかけるなどの機能を担い，伝送路は同軸ケーブルとか光ケーブルのように信号を伝える部分である．

1.3　データ通信ネットワーク

　データ通信は複数個のデータ端末装置の間で行われるので，各装置間相互で

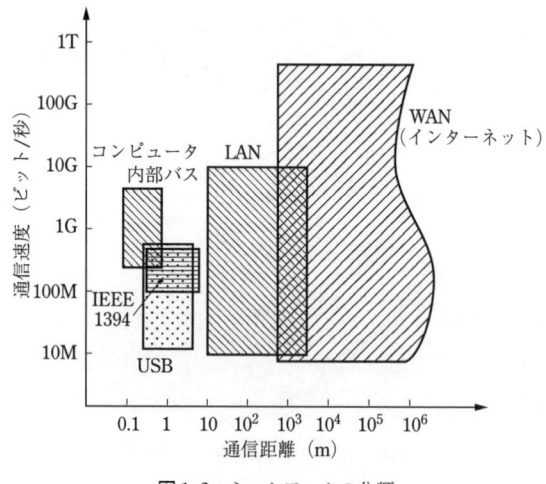

図 1.2 ネットワークの分類

通信可能なように通信路を用意する必要がある．一般には多数のデータ端末装置間でデータを交換するため，通信路網つまり通信ネットワークを形成する．

ネットワークも伝送方式，ネットワークの規模により多くのものが考えられている．図1.2は現在よく知られているネットワークを通信距離，通信速度をもとに分類したものである．通信距離は実際に通信するときの物理的な距離を表し，通信速度はネットワークで使用されているデータ通信速度をビット/秒（bps）で表したものである．

USB（universal serial bus）方式によるデータ伝送網はパーソナルコンピュータの普及により，最もよく知られるデータ通信形態の通信網で，その伝送速度は 12 Mbps から 480 Mbps であり，通信距離はせいぜい室内程度である．IEEE 1394 方式の通信網はいくぶん高速で 100 Mbps から 400 Mbps である．コンピュータ内の強力なデータ通信路は内部バスと呼ばれ，各種の信号を多くの並列線路で結ぶ．一方，よく耳にする LAN はもう少し広い範囲のネットワークで，一般には公道を横切らない構内通信網であり，1つの建物内，または工場内のコンピュータ間を結ぶネットワークである．大量のデータを転送するため高速通信が可能なようになっており，種々の速度のものがある．低速なものでは 10 Mbps 程度のものから 1 Gbps さらには 10 Gbps の高速なものまで利

用されている基幹のバックボーンネットワークでは光ファイバを用いた数百Gbps 程度の高速ファイバ線が用いられている．一方，広域通信網においても，基幹部分では光ファイバの波長分割多重方式(WDM, wavelength division multiplexing)が用いられるに従い，数百 Gbps 程度の高速通信まで可能になってきている．

通信速度の目安として少し例をあげると，人間の音声を後述する PCM 方式により電話でデジタル伝送する場合を考えると 64 kbps の通信速度が必要であり，一方映像の場合には，データ圧縮された一般的なテレビ映像を伝送する場合を考えると，画質にもよるがおおよそ数 Mbps 程度の通信速度を必要としている．

1.4 通信ネットワーク

ネットワークは多数のデータ端末装置間でデータを交換するためのものなので，任意の2つのデータ端末装置間で通信路が確保できなければならない．最も単純な方法は，通信する装置間すべてに直通線路を設けるネットワークをつくればよいが，このネットワークでは n 台のデータ端末装置があると $n(n-1)/2$ 本の線路を用意せねばならず，たとえば1つのオフィスビルの中に 50 台のデータ端末装置があると 1225 本の線路を張りめぐらす必要があり，床は通信線で埋まってしまう．そこで，ネットワークをいかに少ない線路で効率よく，また信頼性が高い通信が行えるように構成するかが問題になる．これは1つ1つの線路の物理的な配置のほかに通信方式，伝送制御手順などと深く関わっているが，通信線の張りめぐらす形態，つまりグラフ理論の言葉でいえばグラフの構造が重要になる．

現在考えられている主なネットワークの形態は，表1.1 に示すとおり次のように大別される．

(a) 専用回線形
(b) 放送 (broadcast) 形
(c) 逐次伝送 (sequential) 形

表1.1 通信ネットワークの形態

形　態	ネットワーク構造
(a) 専用回線形	(1) point-to-point 形
(b) 放送形	(2) バス（共通母線）形
(c) 逐次伝達	(3) スター形
	(4) リング（ループ）
	(5) メッシュ形

まず(a)の**専用回線形**では図1.3のように point-to-point 形通信路で，通信頻度が非常に高い2つのデータ端末装置の間に専用

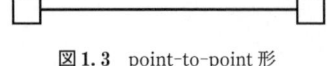

図 1.3　point-to-point 形

回線として通信路を設ける方法であり，自由に回線データ処理装置を利用でき最も便利なものである．しかし，先に述べたように，多くのデータ端末装置間を専用回線で結ぶと通信線の数が多くなる難点がある．(b) の放送形は主にLANで用いられる形態で，その特徴は1つのデータ端末装置から発信すれば，ネットワークにつながっているすべてのデータ端末装置に信号が届くことである．この形の代表的なものは**バス(共通母線)形**である．図1.4のバス形は1本の共通母線間でデータの交換が可能である．すると専用回線のネットワークのように通信線の数を多くしなくても

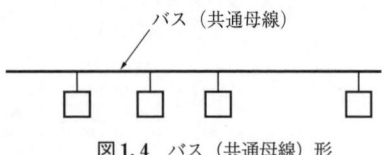

図 1.4　バス（共通母線）形

よく，単純な構造のネットワークで多くのデータ端末装置を接続できる．しかし共通母線1つの中に多くのデータ端末装置間の通信信号が混在することになるため，同時発信を避ける手順，混信して通信データが壊れたときの対処の仕方など各データ端末装置が多くの手順を守る必要がある．LANの代表的なネットワークであるイーサネット（Ethernet）などはこの形態である．

放送形ネットワークに対して逐次伝送形は隣接するデータ端末装置間でのみ直接信号を伝えることができ，離れたデータ端末装置に伝える場合には中継処理装置を経由して求める相手と交信する方式である．**スター形**は図1.5の接続形態で，通常各線路が集まる中心には交換機がある．図1.6の**ループ（リン**

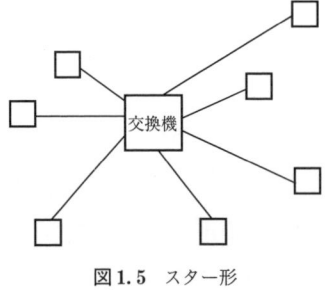

図 1.5　スター形

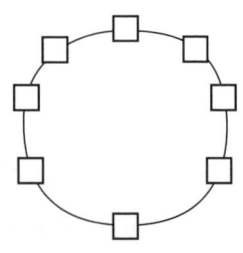

図 1.6　リング（ループ）形

グ）形は各データ端末装置を環状に接続する方式で，少し前までバス形とともにLANでよく用いられた形態である．よく知られているトークンパッシングリング（token passing ring）の伝送制御方式はこのループ（リング）形ネットワークを対象に規定したデータ伝送手法である．

一方，最後のメッシュ形（図1.7）はもっぱら広域ネットワークに用いら

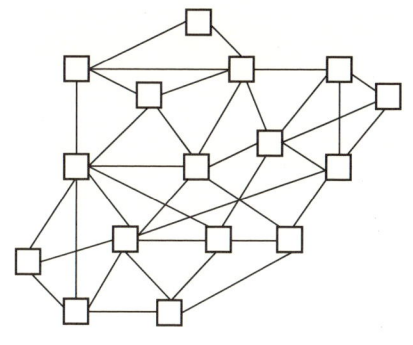

図1.7　メッシュ形

れる形態で，通信ルートが多く選べるため，信頼性の高いネットワークを構成できること，また柔軟にルートが選択できるなど利点が多い．反面，複雑なネットワークを構成せねばならず，ルーティング（経路選択）のための交換制御をはじめとする複雑な通信制御を行わねばならないなどの難点がある．したがって，比較的簡単な構造のLANではスター形を基本にした構造の階層形ネットワークで，メッシュ形はもっぱら公衆通信網である広域ネットワークで用いられる．

演習問題

1.1 インターネットに代表される情報通信ネットワークを設ける目的と意義について述べよ．

1.2 通信ネットワークの主要な構成形態を示し，その特徴を説明せよ．

2 コンピュータネットワークのプロトコル

　コンピュータネットワークは多くのデータ処理装置間でデータ交換を行うことを前提にしているため，共通の規格，規則を守らないと通信できない事態が生じる．たとえば各装置の電気的規格の統一，データ伝送速度，さらには通信先のコンピュータの選び方とか同時発信の調整といった規則である．そこでデータ通信を行うためのプロトコル（protocol）を標準化する必要がある．プロトコルは日本語では「手順」とか「規約」と訳されており，ネットワークを利用してデータ通信を行うとき，互いに守るべき通信規約ならびにデータ処理規約の意味である．

2.1　OSI モデル

　国際的な規模でプロトコルの標準化作業を進めているのは，先に述べた **CCITT**（国際電信電話諮問委員会）と **ISO**（International Organization for Standardization，国際標準化機構）の2つの機関である．CCITT は電気通信の立場からの標準化を検討し，ISO はデータ処理の面からの標準化作業に重点をおいている．

　プロトコルは1つのネットワークでは厳密に守る必要があるが，異なった形態のネットワーク，サービス内容が異なる他のネットワークでも唯一絶対の標準化プロトコルとする形にすると，融通性に欠けるので標準化プロトコルの作業では複数のプロトコルを提案，推奨しており，ネットワークを構成する側からみれば，最も自分の要求に合ったプルトコルを採用できる形になっている．

表 2.1 OSI プロトコルの階層

階 層	機能・サービス
7. アプリケーション層	HTTP（ウェブ），SMTP（電子メール），FTP（ファイル転送），OSI 管理
6. プレゼンテーション層	符号化，データ表現の構文
5. セッション層	dialogue（対話）の成立手順，同期機能，アクティビティ機能
4. トランスポート層	多重化と逆多重化，分流と合流，分割と組立て，QoS（通信サービス品質）の要求，折衝
3. ネットワーク層	パケット交換手順，フロー制御，ウィンドウ制御
2. データリンク層	データリンクの確立・解放，フレーム単位の情報転送，フロー制御
1. 物理層	物理的規格，電気的特性，モデム・DSU の機能

 当然のことながら，標準化プロトコルは強制力はなく推奨しているだけである．しかし，標準化プロトコルを満たした装置は，同一のプロトコルを採用している他のネットワークでも容易につなぎ替えることができる利点がある．

 プロトコルと一口にいっても，実にいろいろなことを規定する必要がある．そこで，規約の内容をいくつかの階層に分け，各階層について標準化規約を定める方法を採っている．

 プロトコルの階層化は，先に CCITT が 5 レベルのモデルを提案したが，その後のコンピュータネットワークの発展に伴い，表 2.1 のようなさらに細分化したものが 1980 年に ISO から発表された．これは開放型相互接続基本参照モデル（Open System Interconnection Basic Reference Model，ISO 7498），または略して開放型モデル（OSI モデル）と呼ばれている．このモデルは 7 つの階層（layer）に分けて標準化案を規定している．

 最近ではインターネットの役割が大きくなるにつれ，後述する TCP/IP プロトコルモデルが用いられることが多くなってきており，OSI モデルはプロトコルの基本的な考え方を説明するときの標準モデルとしての役割に変わってきている．

 このモデルの各階層を調べていけばデータ通信の概略が理解できるので 1 つずつ調べていくことにする．全体で 7 階層あるうち，下位の 4 階層は主に通信機能の規約，上位 3 階層はデータ処理に関する規約である．

2.1 OSI モデル

図 2.1　情報ネットワークと物理層の標準化

2.1.1　物　理　層

最も下位の階層の規約でデータ通信を成立させるための物理的，電気的な規約を取り扱う．図2.1のようにデータ通信を成立させるための物理的な装置としては**データ端末装置**（DTE）と呼ばれるコンピュータなどのデータ処理装置と，このデータ処理装置と通信網との信号を整合させる**データ回線終端装置**（DCE, data circuit terminating equipment），および通信網が大きな構成要素となる．

物理層（physical layer）はこれらすべてを対象に規約を設けることが目的である．まずDTEとDCEの接続規約としては，DTEつまりデータ処理装置からDCEへ信号を転送するときの各装置に取り付けるソケットの形状，ソケットの各ピンの位置など物理的な規約，またそのピンに現れる信号の電圧，信号波などの電気的規約，さらにソケットには複数個のピンがあるが，各ピン上に表す信号の性質，たとえばDTEからDCEへ送る送信データを表すとか，DCEからDTEへのタイミング信号など論理的規約などがある．

まず，LAN（local area network）ではDTEからネットワークの接続規格はMAU（Media Attachment Unit）とかRJ-45（LANケーブルソケット）を用いるなどの入出力ポートの規格，さらにネットワーク構成の物理層の規約を定めている．

一方，広域ネットワーク（WAN, wide area network）としての公衆通信網は特殊な場合を除いて，ほぼデジタル交換機への移行が完了したため，通信網自体はデジタル信号形式の交換回線網である．しかし，公衆通信網自体は電話の利用から始まった経緯もあり，通信網への接続形態は現在でも家庭用を中心

にアナログ（電話）信号接続形態が多く残っている．そこで，アナログ信号形式のDCE（データ回線終端装置）としてはモデムが一般によく知られている．モデムはDTEからのベースバンド信号（デジタル信号）をアナログ信号の可聴周波数範囲の信号（多くはアナログ電話信号）に変換する装置であり，最近では可聴周波数範囲を超えた周波数帯も用いるADSLモデムがよく知られている．

公衆通信網への接続としてのDCEはモデムだけではなく他にもある．モデムはDTEとアナログ信号接続形態との整合を図る装置であるが，図2.2のようにDTEとデジタル信号接続形態との整合を図る **DSU**（digital service unit，**宅内回線終端装置**），LANにおけるメディア接続ユニット（media attachment unit）などがある．

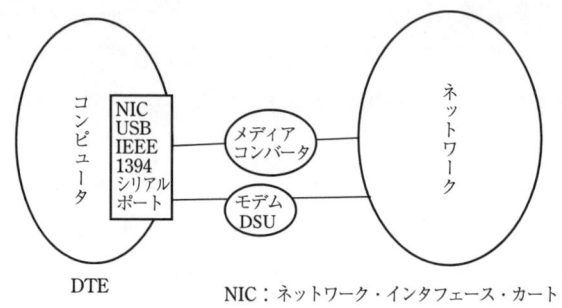

図2.2 DTEとnetworkの接続

DSUはモデムとは異なり，DTE，通信網とも後述するベースバンド信号を用いるが，この波形が互いに異なるため相互に変換するとか，信号速度の調整などの機能をもっている．これらDCEの規約を標準化する勧告が第2番目の内容である．

DTEとDCEとの接続規約，またDCEの機能を標準化しておくと，たとえ異なった機種のデータ処理装置でも，標準規約のソケット，信号線の出力端子さえ備えていればDCEとの間で接続できることになり，利用者としてはデータ処理装置ごとにソケット，電気的特性の異なる接続方法を考えるといった煩わしさから解放されることになる．

この種の規約はISO，CCITTから数多く勧告されており，ISOの規約はソ

ケットの形状など物理的条件の標準化，CCITT からは主に電気的特性，また DCE の機能といった標準化案である．

2.1.2 データリンク層

物理層はビット単位のデータを通信相手の DTE に送り届けることを保障する物理的，電気的特性の規約を取り扱うが，実際に通信を始めるとなると次のことが必要になる．

① 相手局がデータ交換可能状態かどうかの確認
② 伝送回線においてビット誤りが生じたときの対処方法

データリンク層（datalink layer）はこれらの手順を考える階層で，1 つは必要とする相手局とデータ交換を行うためのデータリンクの確立および解放の機能，もう 1 つはデータ転送および誤り訂正の機能である．データリンクの確立とは，図 2.3 (a) のような形で A 局と B 局が通信線路でつながっているとき，A 局から B 局にデータを送りたいとすると，A 局は B 局に対してデータ伝送を始める旨の制御信号列（制御フレームビット列）を送る．B 局側はデータ交換動作に入れる状態であれば肯定応答を表す特定のフレームビット列を送り，逆に B 局の DTE がビジー状態などでデータ交換動作に入れないときには否定応答を送り返すなど，相手局の状態を確認してデータ交換を始める．データ交換が可能になったときデータリンク（data link）が確立したと呼び，こ

(a) point-to-point 接続

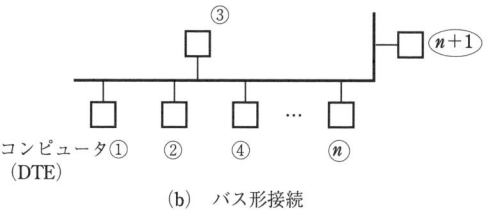

(b) バス形接続

図 2.3 ネットワークの形態とデータ伝送制御手順

の確立さらには終了時の解放手順を標準化しようとするのが第1番目の目的である．

データリンクの確立は，図2.3 (a) のように point-to-point 形のネットワークだけではなく，同図 (b) のように LAN でよく用いられるバス形のネットワークではさらに重要になる．バス形のネットワークにおいては2つの局の間でデータ交換を始めようとすると共通母線（バス）を介して信号を伝えるが，これにベースバンド方式の信号を伝える場合，母線には他の局の伝送信号も混在するので，同一時間区間に2つ以上のデータ信号が現れると，互いの信号を壊してしまう．すると伝送データに誤りが含まれるだけではなく，データリンク確立用の制御信号も無効になる可能性がある．このことを避けるために，すでに他の信号が現れているときには待ち，終了した時点でデータを送り出す．それでも2つ以上の局が同時に発信したときの対処手順などが必要になる．

一方，データ転送制御機能としては次の機能がある．
 (1) データリンクが確立した後，実際にデータを交換する手順
 (2) データ伝送時にビット誤りが生じたときの誤り訂正手順

まず，(1) のデータ交換手順は交信中に一方の DTE が通信処理ができなくなり，一時休止するときの確認方法とか，制御用データと本来送りたい内容を表すデータをどのように区別するかといった規約である．

一方，(2) の誤り訂正制御は伝送回線で雑音とか，他の信号と競合したなどのため一部の信号が壊され，誤って相手局に届いたとき，これを検出する方法を用意し，必要なら再送してもらう手順である．最も簡単な方法はパリティチェックによる誤り検出であり，少し複雑なものでは一まとまりの転送データ（フレーム）の最後に符号をつけ，これをもとに誤り検出する水平パリティとか CRC 符号（cyclic redundancy code）による方法などがある．この誤り検出方法と再送手続きを標準化する．

つまりデータリンク確立，解放およびデータ転送制御をフレームと呼ぶデータ単位を用いて通信を成立させる規約を扱う階層である．

具体的な標準化案としてはハイレベルデータ伝送制御手順（HDLC 手順，high level datalink control procedure）などがあり，また LAN では IEEE

2.1 OSIモデル

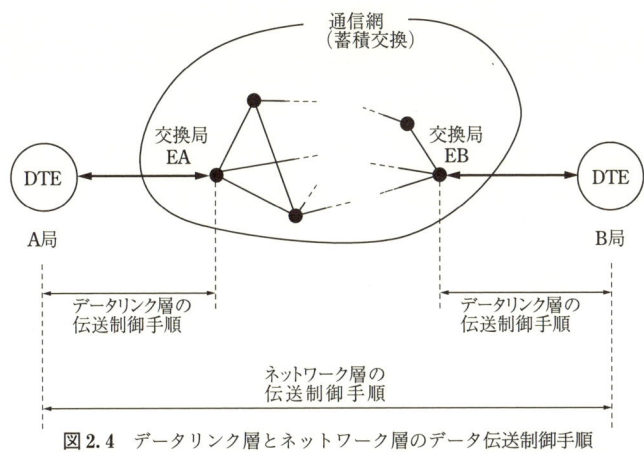

図 2.4 データリンク層とネットワーク層のデータ伝送制御手順

802の規約がよく知られており，バス形ネットワーク用のCSMA/CD手順とか無線LANの規約がよく知られている．

2.1.3 ネットワーク層

ネットワーク層（network layer）はネットワークコネクション上でデータを透過的に転送する機能を提供する．

いま，図2.4のような通信ネットワーク（通信網）を介してA局とB局がデータ交換を始めるとする．A局とB局を結ぶ通信ネットワークの中には一般に数多くの中継局がある．これらの中継局は開放型モデルに従うシステムとすると，ネットワークの中に適当なルート（経路）を見出し，ルート上の中継局間で1つずつデータリンクを確立して，全体としてA局とB局の間でデータ交換可能なコネクション（接続）を設定する．このとき，各中継局間は物理層，データリンク層において異なった規約に従ってデータリンクを確立している場合もあるが，これらの差異を意識することなく，A局とB局の間でデータを透過的に交換できる機能を提供するのがネットワーク層の規約である．そしてA局とB局との間で通信路を確保することをネットワークコネクションの確立と呼ぶ．

現在ネットワーク層の標準化勧告で取り扱っているのは，通信網全体をルーティング（経路選択）などネットワークコネクションを確立する能動的なシス

テムと見なして，次のような内容の規約を設けている．

(1) DTE からこの交換網に対してネットワークコネクションの確立・解放を依頼するための接続制御手順，またこのネットワークコネクション上で実際にデータをやり取りするためのデータ伝送制御手順などの規定

(2) 交換網内での中継局間，また網内に種類の異なった網が複数ある場合の網間の接続の手順などの規定

まず接続制御手順に関しては，ネットワークコネクションを実際に設定するのは DTE ではなく，通信網自体が（網を最も効率よく運用できるように）設定する．したがって，DTE 側からみれば，通信網に対して指定した相手局との間にネットワークコネクションを設定してほしいとか，終了してほしいとかの依頼をする形になる．

そこで必要になるのが，通信網に対してネットワークコネクションの設定・解放を行う手順を標準化することである．この種の標準化は個々の DTE 局と通信網との間だけではなく，NTT など公衆通信網の回線と構内通信網（LAN）との接続とか，またインターネットのように多くの異なった種類の通信網が存在するときの接続のような場合，直ちに必要になる．

一方，公衆通信網の回線交換のように，一度接続を依頼すると網内で常時相手局との間で1つの物理的な通信路が確保されている場合と異なり，パケット

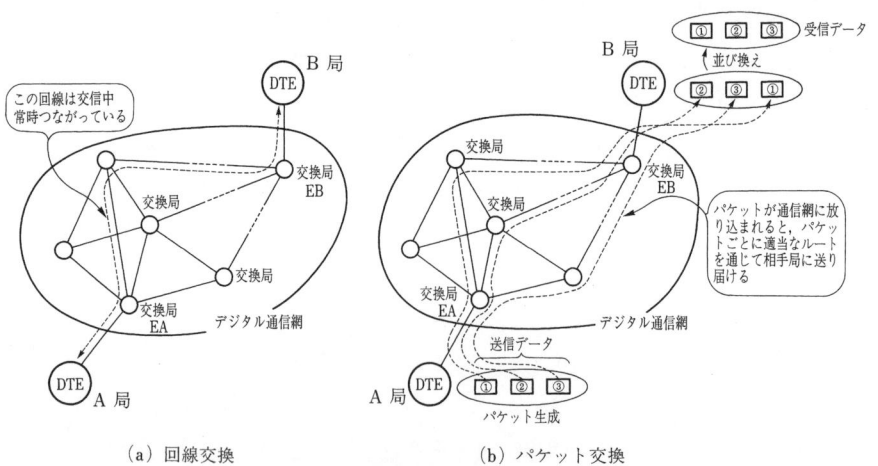

図 2.5 回線交換とパケット交換

交換の場合にはデータ交換手順はまた異なったものが必要になる．

パケット交換においては，交換網にネットワークコネクションを依頼すると見掛け上は回線を常時確保している形を利用者には見せかけるが，実際には交信している2つの局の間でデータが現れたときのみ，物理的な通信路を確保し，その他のときには確保されていない接続の仕方をする．すると図2.5のようにA局からのパケット形態でデータの発信があると，伝送できる次の中継局を探しながら（ルーティングしながら）相手局までの通信路を確保し，B局に転送するといた交換の形態になる．

このようなデータ転送にはA局と通信網，通信網内，さらに通信網とB局といった3つの能動的なシステム間でデータを受け渡しすることになる．データリンク層の伝送制御手順は，A局と通信網，また通信網とB局との間，さらには中継局間の伝送制御手順になり，中継局間（中継通信網間）の違いとか，通信網の異常，輻輳などに起因するパケット交換の異常に対処するなどの手順が必要になり，これらを扱うのがネットワーク層の手順である．

2.1.4　トランスポート層

一般にデータ通信を行う場合，通信に関係するデータ交換を実現する部分と，情報の表現方法，また交換するデータの処理・加工，通信方法の管理など，情報処理に依存する部分に分けて考えることができる．

トランスポート層（transport layer）は通信に関係する部分の最上位に位置

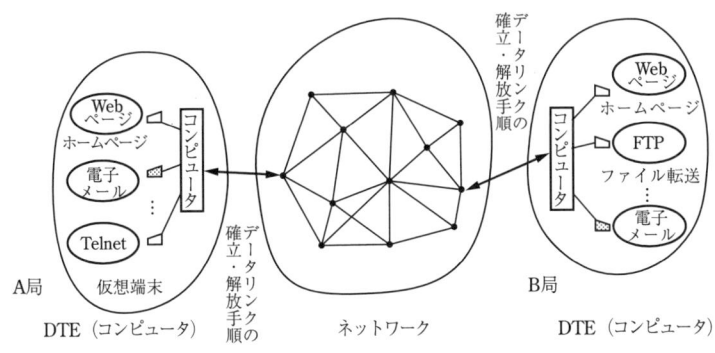

図2.6　プロセス間の通信

する階層であり，データ交換を行う2つのエンドプロセス間でトランスポートコネクションを設定し，透過的なデータ交換を保障する機能を提供する．

いま図2.6のA局とB局の間でデータ通信を行うとすると，実際にはA局のDTEであるコンピュータとB局のコンピュータがデータ交換すると考えてよい．各コンピュータの中には一般に同図のようにウェブページ閲覧，電子メールなど種類の異なった数多くの通信プログラムが動作しており，この中の1つ（または複数）の通信プログラムが相手局のいずれかの通信プログラムとデータ交換していることになる．つまり通信している実体はコンピュータ全体というより，通信プログラム1つ1つである．このデータ交換を行っている1つ1つの通信プログラムが**プロセス**（process）に相当する．実際にはプロセスは，コンピュータ上のデータ交換が可能になった1つの応用プログラムである．

図2.7のようにA局のプロセスP_{A1}とB局のプロセスP_{B1}がデータ交換したいとすると，P_{A1}とP_{B1}はデータ交換を指定した通信条件で行えればよく，ネットワークコネクションの種類など，ネットワーク層以下の選択は二次的な問題になる．

そこで，プロセス間で必要とされる通信サービス品質（たとえばデータ転送速度，データ転送に要する遅延時間，ビット誤り率など）のみを指定すれば，適当なネットワークコネクションを取り揃え，提供してもらう機能が必要になる．この機能を提供するのがトランスポート層の規約である．

もう少し具体的な説明を加えると，図2.7でプロセスP_{A1}とP_{B1}の間でデータ交換を始めようとすると，このプロセス間を結ぶネットワーク層のコネクションとしては図のように経路C_1，経路C_2，さらには経路C_3など数多くあ

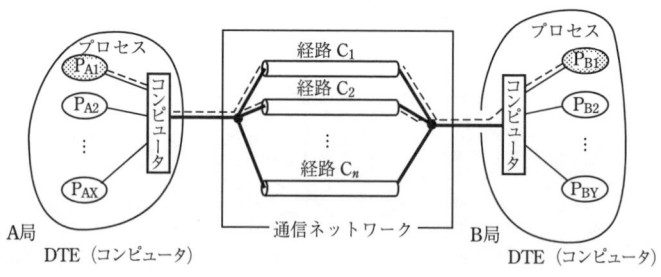

図2.7　トランスポート層における分流化

り，そのいずれを用いてもよい．しかし，交換するデータの転送速度を100 Mbps，またそのビット誤り率（または見逃し誤り率）を10^{-12}以下と指定したとき，デジタルデータ回線交換の1つのネットワークコネクションでは，指定された転送速度ならびに誤り率を保障できないときには，もう1つ同時に異なった経路を用意して複数の経路でネットワークコネクションを設定し，両者を用いて通信速度を100 Mbpsで，そのビット誤り率を10^{-12}以下の通信品質を保障することが考えられる．

このように1つのトランスポートコネクションに対して2つのネットワーク

表2.2 トランスポート層の機能項目とクラス

機能項目		クラス0	クラス1	クラス2	クラス3	クラス4
基本機能	ネットワークコネクションの割り当て	○	○	○	○	○
	コネクションの確立	○	○	○	○	○
	コネクションの確立拒否	○	○	○	○	○
	コネクションの暗黙的正常解放	○	×	×	×	×
	コネクションの明示的正常解放	×	○	○	○	○
	コネクションの異常解放	○	×	○	×	×
	TPDUの転送	○	○	○	○	○
	TPDUの分割と組立て	○	○	○	○	○
	トランスポートコネクションへのTPDU割付け	○	○	○	○	○
	プロトコル誤りの扱い	○	○	○	○	○
データPDUの番号付け	普通	×	○	□	□	□
	拡張	×	×	△	△	△
優先データ転送		×	□	○	○	○
ネットワークコネクションの障害回復		×	○	×	○	○
多重化と逆多重化		×	×	○	○	○
フロー制御		×	×	□	○	○
分流と合流		×	×	×	×	○
連結と分離		×	○	○	○	○
誤り検出と回復機能		×	×	×	×	○

○：使用必須，□：実装していることが必須，△：実装選択，×：適応なし
TPDU：トランスポート層のデータ単位（trabsport protocol data unit）
クラス0：単純クラス
クラス1：基本的エラー回復機能
クラス2：多重クラス
クラス3：エラー回復および多重化クラス
クラス4：エラー検出および回復クラス

コネクションを設定することを**分流化**といい，逆に1つのネットワークコネクションに対して，2つ以上のトランスポートコネクションを設定することを**多重化**という．

現在，トランスポート層で取り扱っている規約では**通信サービス品質**(QoS, quality of service) の項目として，トランスポートコネクション設定に要する時間（設定遅延時間），設定失敗確率，ビット誤り見逃し率など11種類を定め，これらの項目をパラメータの値で指定する形になっている．そしてこの要求を満たす最も経済的なネットワークコネクションを提供するようになっている．

実際には通信品質の異なる3つのネットワークコネクションを登録しておき，この中のどのネットワークコネクションを用いるか，また1つのネットワータコネクションを多重化の形で用いるかなどの組み合わせにより，ISO 8072, 8073 の規約における表2.2に示すようなクラス0からクラス4までの5つのサービスクラスを設定して，このうちの1つをトランスポートコネクション設定時に選択するなどの手順が考えられている．

2.1.5 セッション層

トランスポート層の機能でプロセス間に希望する通信サービス品質を保障する物理的・論理的な通信路が確保されている．このトランスポート層の1つ上に位置する**セッション層**（session layer）の役割は大きく分けて2つある．

まず，第1はトランスポート層で提供される通信路を用いてプロセス間に対話（dialogue）を成立させることであり，第2は大量のデータを送るとき，データ転送の途中に適当な区切りを入れ（これを同期点と呼ぶ），誤ってデータが届いたとき必要な区切りからデータを再送するなど，正確にかつ効率よくデータを転送する機能を提供することが大きな目的である．

具体的にこの層で考えられている事項は表2.3のような項目である．主なものを説明する．

(a) 基本機能（カーネル）

セッションコネクションの設定・解放とコネクションが設定された後のデータ変換機能である．

セッションコネクションの設定・解放は，トランスポートコネクションと同様にエンドプロセス間でコネクションを設定するが，トランスポートコネクションは通信路の設定である．したがって，図2.8のように1つのトランスポートコネクションを設定したままにしておき，あるセッションコネクションが終わると，同一のトランスポートコネクションを用いて，次のセッションコネク

表2.3 セクション層のサービスクラス

機能項目 \ サービスクラス	BCS	BSS	BAS
基本機能（呼設定・解放）	○	○	○
半2重（トクーン管理）		○	○
全2重	○		
小同期		○	○
大同期		○	
再同期		○	
アクティビティ管理			○
ネゴシエートリリース		○	○
タイプ付きデータ		○	○
例外報告			○
受信能力交換			○

ションを設定するといった場合，トランスポートコネクションとはまた異なったレベルの手順が必要になる．

具体的な例で説明すれば，図2.6においてA局のウェブページ通信プログラムとB局のウェブページ交換用通信プログラムとは接続したままにしておき，1つのウェブページの閲覧が終わるとこの通信経路（トランスポートコネクション）を用いてA局のコンピュータが提供する他のまったく異なる新しいウェブページを閲覧するときの呼設定，解放といった形の手順である．

(b) トークン管理

セッションコネクションによりプロセス間でデータを交換するが，両プロセスからお互いの相手に対して同時に発話（データ送出）できる全2重形式か，各時点ではどちらか1つのプロセスのみがデータを送出でき，一方が送出しているときには他方は待ち，終わると返事を返すといった半二重形式かの2つが

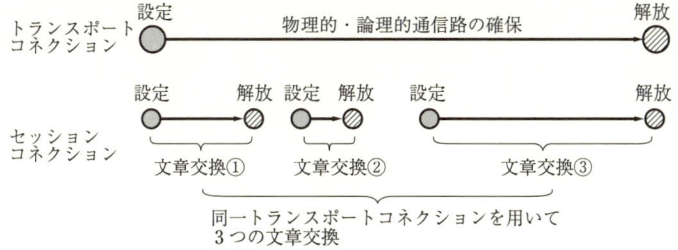

図2.8 トランスポートコネクションとセッションコネクション

ある．

　半二重のトークン管理は，人間の会話のように同時に両者が発話（データ送信）すると混乱が生じるような交信形態において，交互に片方のみがデータを送り出すように制御することであり，言葉を変えると両者の間で受信処理と送信処理を必要に応じて交互に反転させるために，発話（データ送出）権の移動を制御する管理機能である．これにより対話を成立させることができる．

(c) 同期・再同期

　プロセス間でデータ転送を行うとき，このデータを構造化して転送データの区切りを明確にし，どのレベルのどの区切りまで相手プロセスに正確に届いたかの確認を容易にするとともに効率よくデータを転送するための機能である．

　いま，1つの大きなデータを交換しようとするとき，利用者のあるまとまった仕事の単位（たとえば文書を送るときの1つのまとまった文書）を**アクティビティ**（activity）と呼ぶ．次に会話（dialogue）と呼ぶデータ交換の単位（たとえば，文書の印刷イメージのページ単位）を考え，交換しようとするデータが，いくつかの会話単位で構成されているとする．この各会話単位の最後に大同期点を設ける（図2.9）．セッション層の再同期機能では大同期点では必ず，相手プロセスとの間で同期点確認を行い，両者の間でどの同期点まで正しくデータが転送されているかを確かめ，一部データが誤って届いているとか，また抜けているときには正しく届いている同期点まで戻り，データ転送を再開する再同期を用いて会話を成立させている．さらに同期をとる小さい単位として，あるビット量（たとえば文書中の1つの図とか，一定量の文字量単位）を送ると相手に届いているかどうか確認するデータ単位を考え，このデータ単位の最後に小同期点を設けるといった例である．この小同期点では必ずしも相手プロセスとの確認をとる必要はないことになっている．

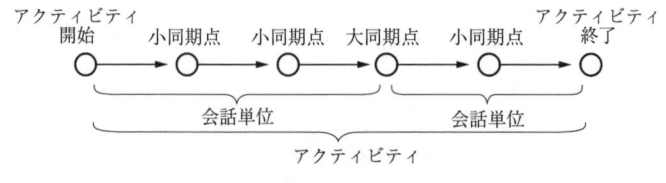

図2.9 同期点とアクティビティ

2.1.6 プレゼンテーション層

　一般にプロセス，つまり端末機能に代表されるような応用プログラム上ではデータを表現するときプロセス独自のデータ表現形式を用いている．具体的にいえば，文書ファイルの書式形式，文中の図，さらには文をどのようなビット形式で表しているかとか，画像をどのようなデータ構造で表しているかはプロセスごとに異なっているのが普通である．このデータ表現形式を構文（syntax）と呼ぶ．特にここでのエンドプロセス上でのデータの意味を表現，解釈するために用いられる構文を抽象構文（abstract syntax）という．

　ところで，エンドプロセス間でデータを交換することを考えると，先に述べたように各エンドプロセスでの構文，つまりデータ表現形式は異なっており，何らかの共通のデータ表現形式を用意し，双方でデータの意味を共通に解釈することを考える必要が生じる．これはたとえば，複数のエンドプロセスから得たデータの合成といった互いに異なるデータ表現形式をもとにデータを合成するとなると，各エンドプロセス上の抽象構文の規則1つ1つをデータ転送に先立って交換しておく必要がある．

　そで**プレゼンテーション層**（presentation layer）の役割はエンドプロセス上での固有のデータ表現形式で表された内容を転送するとき，つまり通信するとき標準のデータ表現形式に変換するのが主な役割である．このとき，データ転送時の共通のデータ表現形式を転送構文（transfer syntax）と呼ぶ．転送構文で取り扱うデータ表現の内容の一例としては先に述べた文字記号コードとか画像の表現，さらには1つ1つのファイルの構成法などがあり，また通信の観点からは画像（静止画，動画）データは一般に冗長性が大きいのでデータ圧縮が可能であるが，そのときのデータ圧縮手順，さらにはデータの秘密性が要求されるデータ通信における暗号化の手順などがある．

2.1.7 アプリケーション層

　7階層の最上位に位置する**アプリケーション層**（application layer）の役割について調べる．1つの解放型システム（DTE）上では一般に特定の業務を行っている数多くのプロセスが存在している．これらのプロセスのいくつかは別

の解放型システム上のプロセスと通信を行いながら処理を進めている．このとき1つ1つのプロセスにおける通信の機能に関する部分を応用エンティティ (application entity) と呼び，応用エンティティ間でお互いに取り決めたプロトコルで各プロセスの要求を通信相手のプロセスに伝えている．アプリケーション層ではプレゼンテーション層以下の機能を用いてコネクションを確立し通信を行っているが，この応用層上でのプロセス間のコネクションを応用アソシエーションと呼ぶ．この応用アソシエーションを支援するのがアプリケーション層の役割であり，これらの機能として考えられているものは，大きく分けると次の2つである．

(1) 1つはエンドプロセスの情報処理の世界とエンドプロセスが要求する通信（データ交換）の世界との橋渡し，つまりインタフェースの役割であり，

(2) もう1つはエンドプロセスが必要とする通信機能を用意する役割である．

まず，インタフェースの問題であるが，コンピュータ利用におけるOSIに関係するような通信処理と，通信とは本来関係のないオペレーティングシステム部分とか通信で受け取ったデータの処理・加工といった情報処理の部分との境界ははっきりと分かれているわけではなく，ネットワークOS (network operating system) の形で両者をつないでおり，明確なインタフェース機能が定義されているわけではない．したがって，詳細な標準化があるわけではなく，必要に応じて1対1通信とか3者以上の協調処理である分散処理も考慮した規約の検討などがある．

もう一方の通信機能については，これら通信の目的である応用業務に関するプロトコルを定義することであり，かなり具体的に検討されている．これら応用業務を分類すると

(1) 広く利用される共通性のある応用業務

(2) 特定の分野で広く利用されている応用業務

(3) 利用者が独自に行う応用業務

となる．このうち標準化が考えられているのは主に，(1)の共通応用業務と(2)の特定応用業務である．

まず，(1)の共通性のある応用業務はCASE (common application service elements) と呼ばれるサービス要素が考えられている．これらの一例を示すと，

(a) 応用アソシエーションの確立，解放とアソシエーションを確立したときに応用層で用いる規約を指定するアソシエーション制御（ACSB）サービス要素

(b) データベースなどにおけるデータ更新時にセマフォ機能など同期制御機能を完備して，データベースの内容などに不整合が生じることのないよう制御するコミットメント制御（CCR）サービス要素などがある．

一方，(2)の特定分野で考えられている応用業務ではSASE (specific application service elements) と呼ばれるサービス要素が考えられている．これらの代表的なものとしては

(1) 木構造のファイルを対象にファイル取り扱いを規定したファイルの転送アクセス管理（FTAM）サービス要素

(2) 文字および画像などを扱うデータ端末装置を対象にデータ転送サービスを規定した仮想端末（VT）サービス要素

(3) ネットワークの各資源（処理装置）の属性を一括して管理するため，これらの登録，参照，更新などを行うディレクトリサービス（DS）要素

(4) 複数の通信内容を一括処理して，1つのまとまったデータ処理をするトランズアクション処理（TP）サービス要素

(5) ネットワークの構成，障害，セキュリティ管理などOSI全体を管理維持するOSI管理サービス要素

などがある．もちろんこれだけではなく，他にリモートデータベースアクセス（RDA），さらにはメッセージ通信（MHS）など多くののサービス要素が考えられている．

応用アソシエーションの確立および利用形態としてはサービス要素ごとに応用アソシエーションを確立する形と，これらのサービス要素のうち必要なものを組み合わせて共用する形態とがある．

実際のインターネットで用いられているTCP/IPのプロトコルのアプリケーション層に相当するプロトコルの例でいえば，ウェブ（WWW）サービス

機能，メール配送サービス機能とか上に述べた仮想端末（telnet 機能），ファイル転送サービス機能（ftp とか rcp 機能）要素などがある．

2.2 TCP/IP プロトコル

実際によく用いられるプロトコルの例として，インターネットで用いられている TCP/IP，また LAN で用いられている IEEE 802 のプロトコルと OSI の 7 階層モデルとの関係について簡単に説明しておこう．

2.2.1 TCP/IP

個々のネットワークが相互に接続されて今日の巨大なネットワークに成長してきたインターネットは，このインターネットに関わる多くの技術者によってネットワークの相互接続に関するさまざまな技術やプロトコルが提案・協議・検討された．これらの提案は RFC（request for comments）と呼ばれるレポートとして公開され，結論として得られた結果や標準化仕様などもまた RFC により公開されてきた．

このプロトコルの集合（プロトコル群）のことを「TCP/IP」と呼び，その名称はプロトコル群の中でも代表的なプロトコルである「TCP（transfer control protocol）」と「IP（internet protocol）」に由来している．図 2.10 は

アプリケーション層	電子メール（SMTP）	アプリケーション層
プレゼンテーション層	WWW（HTTP） ファイル伝送（FTP）	
セッション層	仮想端末（telnet）	
トランスポート層	TCP（transfer control protocol） UDP（user datagram protocol）	トランスポート層
ネットワーク層	IP（internet protocol） ICMP，ARP，RARP など	ネットワーク層
データリンク層	イーサネット	ネットワーク インタフェース層
物理層		
OSI 解放型モデル	TCP/IP プロトコル	

図 2.10 TCP/IP プロトコル

2.2 TCP/IP プロトコル

「TCP/IP」に含まれるプロトコルの主要なものを示している．厳密には「TCP/IP」はアプリケーション層，トランスポート層，インターネット層，ネットワークインタフェース層という4つの概念層からなる階層化モデルにより表現されているので，7階層のOSIモデルとの対比についてはいろいろな考え方があるが，ここでは図の対応を用いることにする．

データリンク層はLANの代表的なプロトコルであるイーサネットを用い，物理層はこのイーサネットに関係するプロトコルを基本とし，イーサネットで規定していない部分については一般的な規約を用いる．

ネットワークインタフェース層はパケット交換の1つであるIP（インターネットプロトコル）規約，またネットワークの異常や輻輳時のIPパケットが正しく転送できないときに対処するICMP（internet control message protocol）プロトコル，またコンピュータを識別するアドレスに関係するARP，RARPプロトコルなどがある．

さらにトランスポート層ではUDP（user datagram protocol）ならびにTCP（transfer control protocol）の2つがあり，これらは通信する各局のデータ処理装置上のプロセス（アプリケーションプログラム）間の通信機能を提

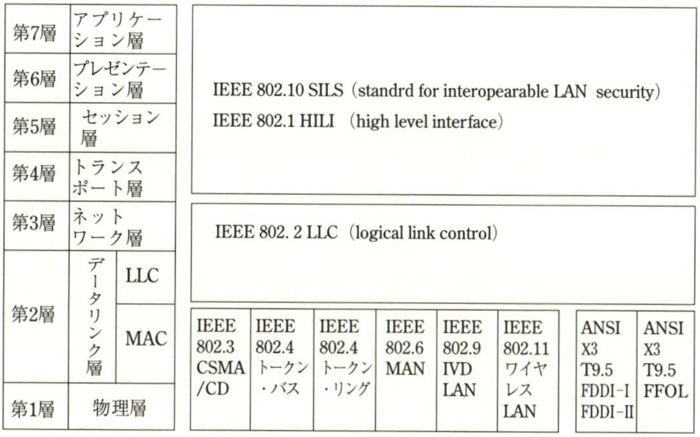

第7層	アプリケーション層									
第6層	プレゼンテーション層	IEEE 802.10 SILS （standrd for interopearable LAN security）									
第5層	セッション層	IEEE 802.1 HILI （high level interface）									
第4層	トランスポート層									
第3層	ネットワーク層									
第2層	データリンク層	LLC	IEEE 802.2 LLC （logical link control）								
		MAC	IEEE 802.3 CSMA /CD	IEEE 802.4 トークン・バス	IEEE 802.4 トークン・リング	IEEE 802.6 MAN	IEEE 802.9 IVD LAN	IEEE 802.11 ワイヤレス LAN	ANSI X3 T9.5 FDDI-I FDDI-II	ANSI X3 T9.5 FFOL
第1層	物理層									

MAN：Metropolitan Area Network
IVD LAN：Integrated Voice and Data LAN
FDDI：Fiber Distributed Data Interface
FFOL：Fiber Distributed Interface Follow On LAN

図2.11　IEEE 802規約とOSI規約

供している．TCPはUDPに比べて通信のエラーの検出や回復機能を含んだプロトコルであり，UDPよりも少し複雑な制御を必要とするが，アプリケーションプログラム間に「信頼性のある通信」を提供することができるプロトコルである．

セッション層からアプリケーション層は明確な階層分けはなくアプリケーションサービスごとにこれら3つの層の概念を一括して規定する形になっている．これらアプリケーションサービスとしてよく用いられるのは先に述べた電子メール（SMTP），仮想端末（telnet）さらにはホームページなどウェブページのWWW（HTTP）のプロトコルなどがある．

2.2.2 IEEE 802規約

一方，IEEE（米国電気電子学会）はLANのプロトコルとしてIEEE 802の規約（図2.11）をまとめており，5章のローカルエリアネットワークで詳しく説明するように，物理層ならびにデータリンク層に相当する規約が多く，特にデータリンク層の規約に相当するイーサネット規約とか，無線LANの規約などがよく知られている．上位層の規約は上に述べた「TCP/IP」などの規約を用いてアプリケーションサービスを実施していることが多い．

演習問題

2.1 開放型相互接続基本参照モデル（OSI開放型モデル）を通信機能に関係する階層とデータ処理に関係する階層に分けて，各階層の目的と意義を説明せよ．

2.2 TCP/IP規約を開放型相互接続基本参照モデル（OSI開放型モデル）の階層規約と対比し，各階層の機能について説明せよ．

3 デジタル通信方式

 デジタル情報(データ)を電気信号に変えて伝送路に送るデジタル通信方式は,データを効率よく,かつ誤りなく伝送することを目的としている.デジタル情報を伝送する方法には,デジタル情報を電気信号のパルスの形で伝送する方法(ベースバンド伝送方式)と,正弦波信号をデジタル情報で変調して伝送する方法(搬送帯域伝送方式)とがある.この章ではベースバンド伝送方式とデータ伝送における信頼性向上手法について述べる.搬送帯域伝送方式については次の4章で述べる.

3.1 ベースバンド伝送方式

 ベースバンド(基底帯域)伝送方式は,ツイストペアケーブル,同軸ケーブル,光ファイバケーブルなどを伝送路とし,デジタル情報のシンボル"0"と"1"を電気信号のパルスの形で送る方式である.デジタル通信で用いられるシンボルは一般に2値であるが,実際に伝送路に送られる形式(伝送符号形式)としては,伝送路特性に適合するように2値以外のパルス波形を用いることがある.伝送符号形式として望ましい性質としては次のような性質がある.
 (1) ビット同期の抽出が容易であること
 受信信号系列からビット同期タイミング信号を抽出する場合,タイミング信号抽出が安定に行われる符号形式が望ましい(同期については3.6節で述べる).
 (2) 直流遮断特性の影響を受けにくいこと

伝送系においては，雑音の影響を軽減するためトランス絶縁が用いられることがある．トランスは直流成分を通さないので，伝送路が直流遮断特性を有している場合には，信号波形は直流成分を含まない符号形式でなければならない．

(3) 所要伝送帯域幅が狭いこと

情報を電気信号で表すと必ず一定の周波数の帯域幅が必要となるが，一定の情報を送るとき必要な帯域幅が狭いほど伝送路の有効利用が可能である．

(4) 雑音に強いこと

雑音によって伝送途中に誤りが生じたとき，受信信号のパターンを調べることによりその誤りを検出できることが望ましい．

(5) 回線の監視が可能であること

雑音による偶発的な誤りだけでなく，回線や中継器などの異常による断続的な誤りも検出できれば回線を監視することができる．

これらの性質をすべて満たす符号形式が一番望ましいわけであるが，実際の符号形式の選択に当たっては伝送システムの特性に合わせていずれかの性質を満たす符号形式が選ばれる．代表的な伝送符号形式を図 3.1 に従って述べる．

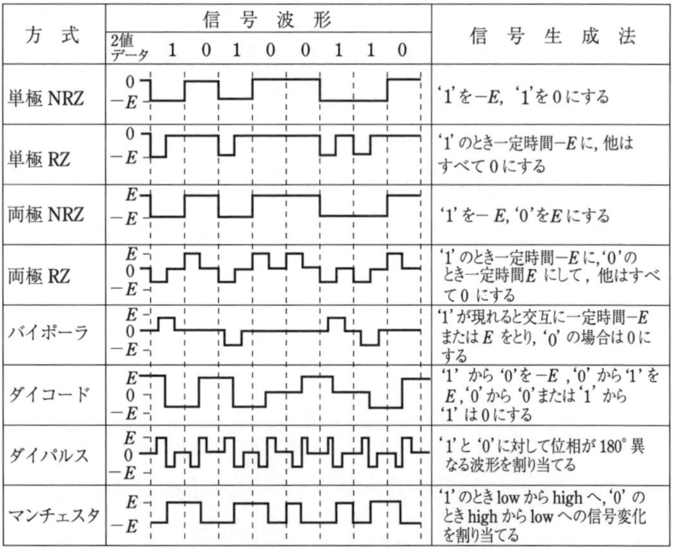
方　式
信　号　波　形
2値データ　1　0　1　0　0　1　1　0
信　号　生　成　法
単極 NRZ
0
−E
'1'を−E, '1'を0にする
単極 RZ
0
−E
'1'のとき一定時間−Eに, 他はすべて0にする
両極 NRZ
E
−E
'1'を−E, '0'をEにする
両極 RZ
E
0
−E
'1'のとき一定時間−Eに, '0'のとき一定時間Eにして, 他はすべて0にする
バイポーラ
E
0
−E
'1'が現れると交互に一定時間−EまたはEをとり, '0'の場合は0にする
ダイコード
E
0
−E
'1'から'0'を−E, '0'から'1'をE, '0'から'0'または'1'から'1'は0にする
ダイパルス
E
0
−E
'1'と'0'に対して位相が180°異なる波形を割り当てる
マンチェスタ
E
−E
'1'のときlowからhighへ, '0'のときhighからlowへの信号変化を割り当てる

図 3.1　伝送符号形式

(a) 単極 NRZ 符号（unipolar non return-to-zero）

シンボル"0"に対して0電位を，シンボル"1"に対してレベル $-E$ の電位を割り当て，持続するビット区間の間その電位を持続する．この符号形式は最も簡単な形式であるが雑音の影響を受けやすいため，コンピュータの内部バスなどの短い距離の伝送のみに用いられる．

(b) 単極 RZ 符号（unipolar return-to-zero）

単極 NRZ 符号において，すべてのビット区間で必ずいったん0電位に復帰するようにしたものである．

(c) 両極 NRZ 符号（polar non return-to-zero）

シンボル"0"に対してレベル E の電位を，シンボル"1"に対してレベル $-E$ の電位を割り当て，持続するビット区間の間その電位を持続する．この符号形式は RS-232-C の信号入出力方式で用いられている．

(d) 両極 RZ 符号（polar return-to-zero）

両極 NRZ 符号において，すべてのビット区間で必ずいったん0電位に復帰するようにしたものである．受信信号の0レベルの復帰によって1つのシンボルが完全に受信し終わったことがわかるため，ビット同期は常に正しく保たれる．

(e) バイポーラ符号（bipolar）

シンボル"0"に対して0電位を割り当て，シンボル"1"に対してレベル E または $-E$ の電位を交互に割り当てる．この符号形式は，直流成分が0で，しかも伝送帯域幅が狭いという特徴がある．また，受信信号において E または $-E$ のレベルが連続する形であるときには誤りを検出することができる．しかし，シンボル"0"が多数個連続する場合には，ビット同期のタイミングが不安定になりやすいという欠点がある．

(f) ダイコード（dicode）

シンボルに"0"→"1"の変化があったときレベル E の正極性パルスを，"1"→"0"の変化があったときレベル $-E$ の負極性パルスを，シンボルに変化がないとき0電位を割り当てる．この符号形式も直流成分が0となる．

(g) ダイパルス符号

シンボル"0"，"1"に，極性が相反する2つの波形を割り当てる．

(h) マンチェスタ符号

デューティ比 50% のクロック信号を基本とし，信号が low レベルから high レベルになったときを"1"，high レベルから low レベルになったときを"0"とする．LAN の代表的な規約である Ethernet や LAN の一般的な規約として知られる IEEE 802.3 で採用されているシリアル伝送時の符号形式である．この符号形式も直流成分が 0 であり，信号系列から同期用タイミング信号を再生することが可能である．

3.2 パルス符号変調

パルス符号変調 (pulse code modulation：PCM) は，アナログ信号をデジタル信号に変換する変調法である．パルス符号変調では，図 3.2 に示すように，**標本化** (sampling)，**量子化** (quantizing)，**符号化** (coding) という 3 つの処理を経てアナログ信号をデジタル化する．

標本化は，一定の時間間隔（標本化間隔）ごとのアナログ信号の振幅値を抽出する処理である．アナログ信号の最高周波数が F(Hz) のとき，標本化間隔を $1/(2F)$（秒）に選ぶと，標本化間隔ごとの振幅値から元のアナログ信号

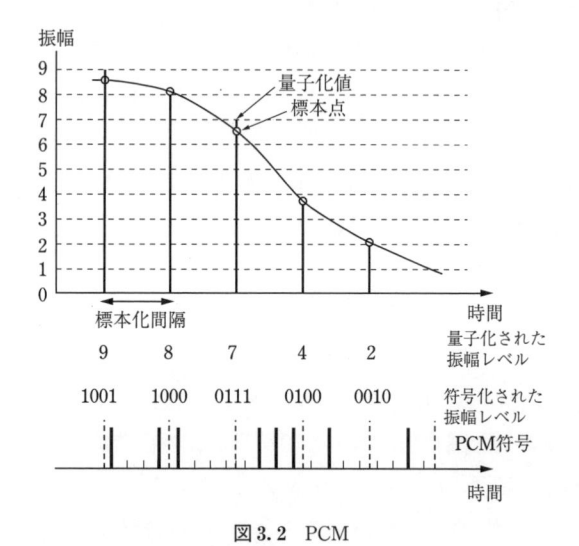

図 3.2　PCM

を復元できる．量子化は，標本化されたアナログ信号の振幅値を適当な段階に区切って，その段階の値で振幅を表す処理である．したがって，振幅は離散的な整数として表される．量子化された振幅値をパルスの有無の組み合わせ，あるいはシンボル"0"と"1"から成るパターンに対応づける処理を符号化という．

3.3 時分割多重化

パルス符号変調（PCM）では，通信路はパルスが伝送される一部の時間区間しか使用されていない．したがって，ある信号のパルスとパルスの間に別の信号のパルスを挿入していけば，同じ通信路で複数個の PCM 波（したがって複数のアナログ信号）を送ることができる．受信側では，各信号のパルスが到達する時刻が異なることを利用して，それぞれの信号を分離する．このような多重伝送方式を，**時分割多重化**（time division multiplex：TDM）という．TDM の原理を図 3.3 に示す．

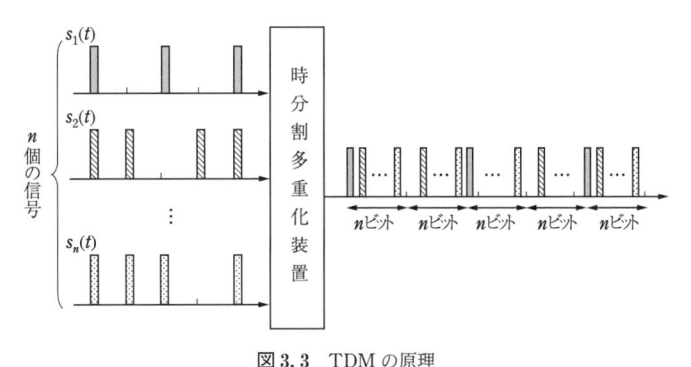

図 3.3 TDM の原理

3.4 誤り制御方式

伝送途中での雑音や電気信号のひずみにより送信データが誤って受信される場合がある．受信したデータの誤りを検知し，正しい送信データが受信できるようにすることを誤り制御という．伝送システムにおける誤り制御方式には大

きく分けて**自動再送要求方式**（ARQ：automatic repeat request）と**誤り訂正方式**（FEC：forward error control）がある．

3.4.1 自動再送要求方式

自動再送要求方式は，図3.4（a）のように，受信されたデータが誤っているかどうかを調べ，誤っているときには帰還伝送路を用いて送信側に再度同じデータの送信を要求するものである．送信データは，誤りを検出できる符号を用いて符号化される（誤りを検出できる符号については3.5節で説明する）．この方式は，帰還伝送路が必要であるものの，誤り訂正方式に比べて装置化が容易であり，しかも訂正できる誤りのパターンに比べて検出できる誤りのパターンの方がはるかに数が多いので信頼性が高い．

3.4.2 誤り訂正方式

誤り訂正方式は，図3.4（b）のように帰還伝送路を使わず，受信したデータに誤りがあれば，誤ったデータを受信側で自動的に訂正するものである．この方式では，送信データは誤りを訂正できる符号を用いて符号化される．

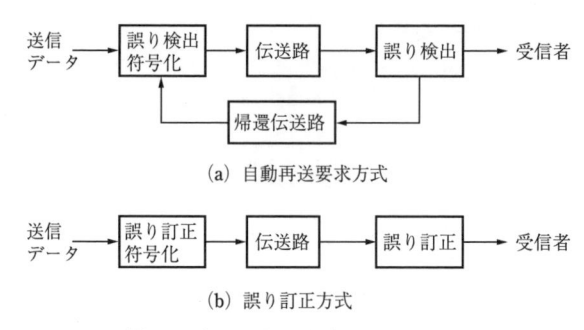

(a) 自動再送要求方式

(b) 誤り訂正方式

図3.4 自動再送要求方式と誤り訂正方式

3.5 誤り制御符号

伝送途中での雑音や電気信号のひずみにより送信データが誤って受信された場合，受信したデータの誤りを検出し，その誤りを訂正できる符号を**誤り制御**

符号 (error control code) という．特に，誤りの検出だけを行う符号を**誤り検出符号** (error detecting code) といい，誤りの訂正まで行う符号を**誤り訂正符号** (error correcting code) という．代表的な誤り制御符号を次に述べる．

3.5.1 単一パリティ検査符号

ある1つの情報を長さ k の情報記号系列 a で表す．

$$a=(a_1, a_2, \cdots, a_k), \quad a_i \in \{0, 1\}, \quad (i=1, 2, \cdots, k) \quad (3.1)$$

この情報記号系列に1個の余分な記号 $c(\in\{0,1\})$ を付け加えて，長さ $n=k+1$ の記号系列（つまり符号語）

$$u=(a_1, a_2, \cdots, a_k, c) \quad (3.2)$$

を作る．このとき，記号 c は符号語 u 内の記号1の個数が必ず偶数あるいは奇数になるように決める．記号"1"の個数が偶数であるか奇数であるかを**パリティ**といい，特に，偶数のとき偶パリティ，奇数のとき奇パリティという．記号 c はこれ自身情報を担っていなくて，パリティを検査するために余分に付加された記号であるから，**パリティ検査記号**と呼ばれる．式 (3.2) の符号はパリティを検査する記号が1つであるから，単一パリティ検査符号と呼ばれる．

いま，符号語 u に1個の誤りが生じて偶奇が反転すると，受信側では，符号語として使われるはずのないパターンを受信したわけであるから，受信したデータに誤りが生じていることがわかる．誤りが1つであれば，誤りが生じていることを必ず検出できるので，このような符号を**単一誤り検査符号**という．

(a) キャラクタパリティ（垂直パリティ）

キャラクタパリティは，図3.5の例に示すように，7記号系列で1つの文字を表す方法では，伝送する7ビットの文字コードごとにビット"1"の数が偶数または奇数になるように1ビット加える方式であり，垂直パリティチェック方式とも呼ばれる．JIS C-6360 では，非同期（調歩同期）通信には偶パリティ，同期通信では奇パリティと決めている．図3.5は偶パリティの例である．

(b) BCC (block check character) 方式

図3.6に示すように，文字コードのビット桁ごとに水平パリティとしてパリ

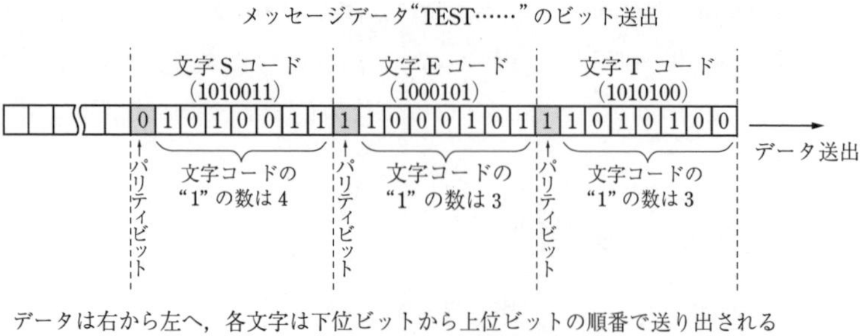

```
                    メッセージデータ"TEST……"のビット送出
              文字Sコード        文字Eコード         文字Tコード
              (1010011)         (1000101)         (1010100)
          ┌──────┴──────┐   ┌──────┴──────┐   ┌──────┴──────┐
    │ │ │0│1│0│1│0│0│1│1│1│0│0│0│1│0│1│1│1│0│1│0│1│0│0│ → データ送出
          └┬┘└────┬────┘ └┬┘└────┬────┘ └┬┘└────┬────┘
           パ   文字コードの  パ   文字コードの  パ   文字コードの
           リ   "1"の数は4   リ   "1"の数は3   リ   "1"の数は3
           テ              テ              テ
           ィ              ィ              ィ
           ビ              ビ              ビ
           ッ              ッ              ッ
           ト              ト              ト

        データは右から左へ，各文字は下位ビットから上位ビットの順番で送り出される
```

図3.5 キャラクタパリティの例

ティ検査記号を作り，それを**ブロックチェックキャラクタ（BCC）**としてメッセージの後に付け加える方式である．図では垂直パリティチェック方式（偶パリティ）に加え，8ビットコードのビット桁ごとに水平方向に偶パリティを付加している．この方式は，各ビットごとに独立して誤りが発生する独立誤りには十分対処できるが，誤りが連続して起こるバースト誤りに対しては十分対処できない．

JIS C-6360 では，水平パリティは偶数パリティと規定している．

	転送データ											水平パリティ
垂直パリティ	情報メッセージ											
	T	E	S	T		I	S		F	I	N	E	!	
垂直パリティ	1	1	0	1	1	1	0	1	1	1	0	1	1	0	0
b_7	1	1	1	1	0	1	1	0	1	1	1	1	0	0	0
b_6	0	0	0	0	1	0	0	1	0	0	0	0	1	1	0
b_5	1	0	1	1	0	0	1	0	0	0	0	0	0	0	0
b_4	0	0	0	0	0	1	0	0	0	1	1	0	0	0	1
b_3	1	1	0	1	0	0	0	0	1	0	1	0	0	0	0
b_2	0	0	1	0	0	0	1	0	1	0	1	0	0	0	0
b_1	0	1	1	0	0	1	1	0	0	1	0	1	0	1	1

←─── 水平パリティコード（水平方向のビット"1"の数が偶数）

情報メッセージ 'TEST IS FINE!' を送ったときの水平垂直パリティ

図3.6 BCC方式

3.5.2 巡回符号

キャラクタパリティ方式やBCC方式が，バースト（連続）誤りを有効に検

出できないのに対して，独立誤りもバースト誤りも有効に検出できる方式として **BCS** (block check sequence) **方式**がある．これは，メッセージに対して誤りを検出するためのビットシーケンスを付加する方式であり，その代表的な方式として **CRC** (cyclic redundancy check) **符号**がある．CRC 符号は次に述べる**巡回符号** (cyclic code) と密接に関係があるので，まず巡回符号について説明する．

いま，長さ n の記号系列

$$u = (u_0, u_1, \cdots, u_{n-1}), \quad u_i \in \{0, 1\}, \quad (i = 0, 1, \cdots, n-1) \quad (3.3)$$

を多項式の形で

$$F(x) = u_0 + u_1 x + u_2 x^2 + \cdots + u_{n-1} x^{n-1} \quad (3.4)$$

と表す．変数 x_i は単に記号 u_i の位置を示すだけである．このような n 次未満の多項式は全体で 2^n 個存在するが，その中で m 次の特別な多項式 $G(x)$ で割り切れるものだけを符号語とする符号を考える．すると，$F(x) = Q(x) G(x)$ を満たす多項式 $Q(x)$ の次数は $(n-m-1)$ なので，$G(x)$ で割り切れる $F(x)$ の総数は $Q(x)$ の個数に等しく，2^{n-m} である．この $F(x)$ を**符号多項式**，$G(x)$ を**生成多項式**という．

$x^n - 1$ が生成多項式 $G(x)$ で割り切れるとき，この $G(x)$ から生成される符号語，つまり $F(x) = Q(x) G(x)$ なる符号多項式を巡回的にシフトしたものもまた符号語になる（$G(x)$ で割り切れる）．このような性質をもつ符号を巡回符号という．3.5.3 項で述べるハミング符号は巡回符号である．表 3.1 に示す符号語はいずれも生成多項式 $G(x)$ で割り切れ，どの符号語を巡回シフトしたものもいずれかの符号語になっている．

$n - m$ 個の情報ビットを係数とする多項式 $Q(x)$ と生成多項式 $G(x)$ から，$F(x) = Q(x) G(x)$ を計算することにより，符号多項式を作ることができる．しかし，このようにして作られた符号多項式の中には情報ビットのパターンが現れない．実用的には，符号多項式の中に情報ビットのパターンが現れる構造の方が使いやすい．そこで，次のように符号を構成することにより，符号多項式の中に情報ビットのパターンが現れるようにする．

長さ $k = n - m$ の情報ビット系列 $(a_0, a_1, \cdots, a_{k-1})$ を，次数 $k-1$ 以下の多項式 $P(x) = a_0 + a_1 x + \cdots + a_{k-1} x^{k-1}$ で表す．$P(x)$ に x^{n-k} を掛けて $x^{n-k} P(x) = $

$a_0 x^{n-k} + a_1 x^{n-k+1} + \cdots + a_{k-1} x^{n-1}$ を作り，それを次数 $m=n-k$ の生成多項式 $G(x)$ で割り，余り $R(x) = c_0 + c_1 x + \cdots + c_{n-k-1} x^{n-k-1}$ を求める．$x^{n-k} P(x)$ から $R(x)$ を引いたもの，すなわち多項式演算において加法・減法は排他的論理和演算 (EOR 演算) で行うので $x^{n-k} P(x)$ と $R(x)$ を加えたもの $F(x) = R(x) + x^{n-k} P(x)$ が符号多項式となる．明らかに，$F(x)$ は $G(x)$ で割り切れるから符号多項式である．このとき符号語 u は

$$u = (c_0, c_1, \cdots, c_{n-k-1}, \ a_0, a_1, \cdots, a_{k-1}) \tag{3.5}$$

であり，右側に k 個の情報記号が並び，左側の $n-k$ 個の記号は検査記号（誤りを検出するためのビットシーケンス）である．

たとえば，情報ビット系列を (0111)，$G(x) = x^3 + x + 1$ ($n=7, k=4$) として，符号化の演算過程を図 3.7 に示す．$P(x) = x + x^2 + x^3$ として $x^3 P(x) = x^4 + x^5 + x^6$ を $G(x) = x^3 + x + 1$ で割り，余り $R(x)$ を求めると，$R(x) = x^2$ となる．したがって，符号多項式は $F(x) = x^2 + x^4 + x^5 + x^6$，すなわち符号語は $u = (0010111)$ となる．右側の 4 ビットが情報記号であり，左側 3 ビットが検査記号である．

```
生成多項式                    11
     G(x)=x³+x+1 ------ 1011 ) 1110000 ------------ x³P(x)
                              -1011
                               1010000            } 引き算は
                              -1011                 EOR演算
                                  100 -------- 余り R(x)=x²
```

図 3.7　符号多項式の演算過程

符号語 $F(x)$ は生成多項式 $G(x)$ で割り切れるように作られているので，受信した符号語を生成多項式 $G(x)$ で割った余りが 0 でないときには，受信したデータに誤りが生じていることがわかる．

巡回符号では，$x^n - 1$ が生成多項式 $G(x)$ で割り切れるという制約があるため，符号語の長さ n を任意に選ぶことができない．これは実用上不便なので，$x^n - 1$ が生成多項式 $G(x)$ で割り切れない場合は，$G(x)$ で割り切れる $n-1$ 次以下の多項式を符号語として用いる．これを CRC 符号と呼ぶ．m 次の生成多項式 $G(x)$ で生成される CRC 符号は，m ビット以下のすべてのバースト誤りを検出することができる．

3.5 誤り制御符号

生成多項式 $G(x)$ としてよく用いられるのは $G(x)=x^{16}+x^{12}+x^5+1$ の CRC-CCITT 符号, $G(x)=x^{16}+x^{15}+x^2+1$ の CRC-16 符号, $G(x)=x^{12}+x^{11}+x^3+x^2+x+1$ の CRC-12 符号である. CRC-CCITT 符号および CRC-16 符号では検査記号数 16 ビット, CRC-12 符号では検査記号数 12 ビットである.

図 3.8 に CRC-CCITT 符号の生成多項式に対応する符号の生成回路を示す. 図に示す生成回路は巡回形シフトレジスタ回路から成る割り算回路である. 最初シフトレジスタのすべての内容を"0"にし, 逐次情報ビットをデータ入力部から加える. 情報ビットが入力されるごとに, シフトレジスタの内容が 1 つずつ左隣に移動するとともに, EOR 演算部に関係するところは演算を行った結果を左隣のシフトレジスタに記憶する. 図 3.9 は, 図 3.8 の符号生成器に情報ビット系列 (10010111) ($P(x)=1+x^3+x^5+x^6+x^7$) を入力したときのシフトレジスタの内容の変化を示す. 情報ビット系列を入力し終わったと

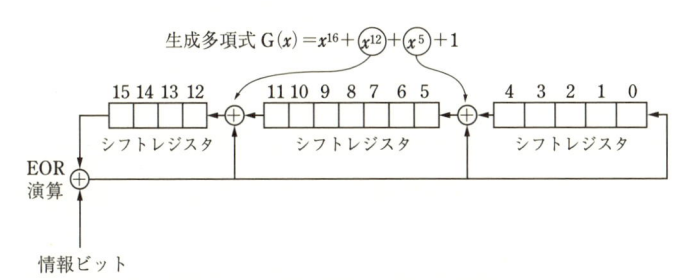

図 3.8 CRC-CCITT 符号の符号生成器

入力情報ビット $P(x)$	シフトレジスタの内容															
	15	14	13	12	11	10	9	8	7	6	5	4	3	2	1	0
	0	0	0	0	0	0	0	0	0	0	0	0	0	0	0	0
1	0	0	0	1	0	0	0	0	0	0	1	0	0	0	0	1
1	0	0	1	1	0	0	0	0	0	1	1	0	0	0	1	1
0	0	1	1	1	0	0	0	0	1	1	1	0	0	1	1	0
1	1	1	1	0	0	0	0	1	1	1	0	0	1	1	0	1
1	1	1	0	0	0	0	1	1	1	0	0	1	1	0	0	0
1	1	0	0	0	0	1	1	1	0	0	0	1	0	0	0	1
0	0	0	0	1	1	1	1	0	0	0	1	0	0	0	1	0
1	0	1	1	0	1	1	0	0	0	0	0	0	0	1	1	1

図 3.9 CRC-CCITT 符号の生成

きのシフトレジスタの内容が $x^{16}P(x)$ を生成多項式で割った余り（$x^{14}+x^{13}+x^{11}+x^{10}+x^2+x+1$）を示す．この余りを情報ビット系列に付加すれば CRC-CCITT 符号多項式 $F(x)$ が得られる．

3.5.3 ハミング符号

CRC 符号は，多くの独立誤りとバースト誤りを有効に検出できるものの，誤りの訂正はできない．誤りを訂正できる巡回符号として，代表的なものにハミング符号（Hamming code）がある．ハミング符号は4ビットの情報記号から成る符号長7の巡回符号で，生成多項式は $G(x)=x^3+x+1$ である．それぞれの情報ビット列に対応する符号語を表3.1に示す．いま，符号語に生じる誤りが1個であるとすると，誤りが生じる場所は7箇所あり，7種類の誤りは多項式で $1, x, x^2, x^3, x^4, x^5, x^6$ と表される．符号語は生成多項式で割り切れるので，誤りの生じた受信語を生成多項式で割ったときの余りは，誤りを表す多項式を生成多項式で割ったときの余りに等しい．7箇所の誤りと生成多項式で割ったときの余りの対応を表3.2に示す．表3.2に示すように，誤りの位置と受信語を生成多項式で割ったときの誤りとは1対1に対応することがわかる．したがって，受信語を生成多項式で割ったときの余りから誤りの位置がわかり，誤りを訂正することができる．もちろん余りが0であれ

表3.1 ハミング符号の符号語

情報ビット列	符号語
0000	0000000
1000	1101000
0100	0110100
1100	1011100
0010	1110010
1010	0011010
0110	1000110
1110	0101110
0001	1010001
1001	0111001
0101	1100101
1101	0001101
0011	0100011
1011	1001011
0111	0010111
1111	1111111

表3.2 誤りと生成多項式で割った余り

誤り位置	多項式表示	余り	余りのベクトル表示
1ビット目	1	1	100
2ビット目	x	x	010
3ビット目	x^2	x^2	001
4ビット目	x^3	$1+x$	110
5ビット目	x^4	$x+x^2$	011
6ビット目	x^5	$1+x+x^2$	111
7ビット目	x^6	$1+x^2$	101

ば，誤りがないことを示す．

3.6 同期方式

デジタル信号を伝送する際には同期（synchronization）という考え方が重要になる．これは送信側と受信側で信号が始まる時刻を一致させることであり，これが一致していないと送信された信号系列が受信側で正しく認識されない．同期をとるための方法には大きく分けて図 3.10 に示すように，伝送データ 1 ビットごとに同期をとるビット同期方式と，ある一まとまりのデータを送るごとに同期をとるブロック同期方式がある．

```
                    ┌ 同期方式
          ┌ ビット同期 ┤
          │         └ 非同期方式（調歩同期）方式
同期方式 ┤
          │         ┌ キャラクタ同期方式
          └ ブロック同期 ┤ フラッグ同期方式
                    └ 歩調同期方式
```

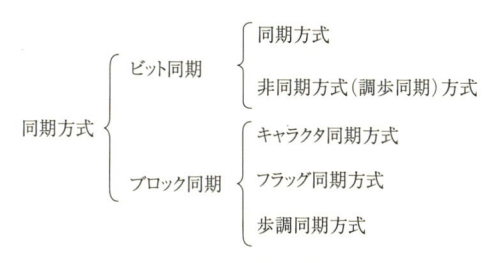

図 3.10 同期方式の分類

3.6.1 ビット同期

この方式は同期方式と非同期方式に分かれる．

(a) 同期方式

データ信号とは別の線で同期用タイミング信号を送る図 3.11 (a) の方式と，同図 (b) のようにデータ信号から同期タイミングを分離する方式がある．データ信号から同期タイミングを抽出するには，一般にデータ信号の微分波（信号の変位点）を用いる．RZ 符号やマンチェスタ符号ではビットの区切りで信号の変位が現れるので，これを基に同期タイミングをとることができる．

(b) 非同期（調歩同期）方式

送信側と受信側で別々にタイミング信号を発生させる．もちろんこれでは同

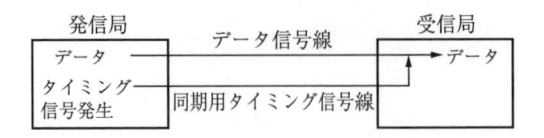

(a) 同期用タイミング線を別に設ける

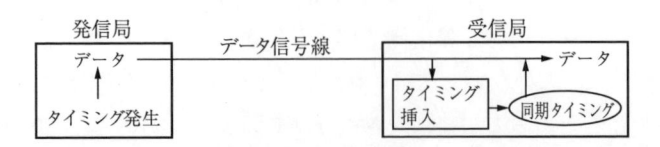

(b) データ信号線より同期用タイミングを抽出

図 3.11 ビット同期方式

期がとれないので一定ビットごとに基準信号を挿入し，受信側ではこの信号の始まりから自局で発生させるタイミング信号を用いて同期をとる．

　非同期方式の1つに調歩同期方式（start-stop synchronous system）がある．これは図 3.12 に示すように，1つ1つの文字コード（7 ビットまたは 8 ビット単位）の前にスタートビット，直後にストップビットを付け加え，無通信状態にはストップビットが続くようにする．スタートビットを受け取ると，受信側はこの時点からタイミング信号を自局で発生させ，これを同期用信号として用いる．そして，ストップビットを受け取った時点で終わるようにする．

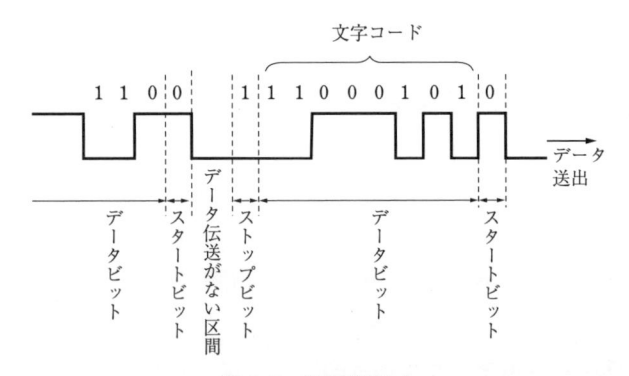

図 3.12 調歩同期方式

3.6.2 ブロック同期

ブロック同期の方式には，キャラクタ同期，フラッグ同期，さらには上に述べた調歩同期がある．

(a) キャラクタ同期

文字通信のような場合，図3.13に示すようにビット単位の同期が得られても，文字コード単位の始まるビット位置がわからない．そこで図3.14のように特定のコード，たとえばベーシック手順の伝送制御では通信の開始時点とか一連の情報を送る時点でまずSYNコード（0001 0110）を送り，文字コードの同期（キャラクタ同期）をとる．

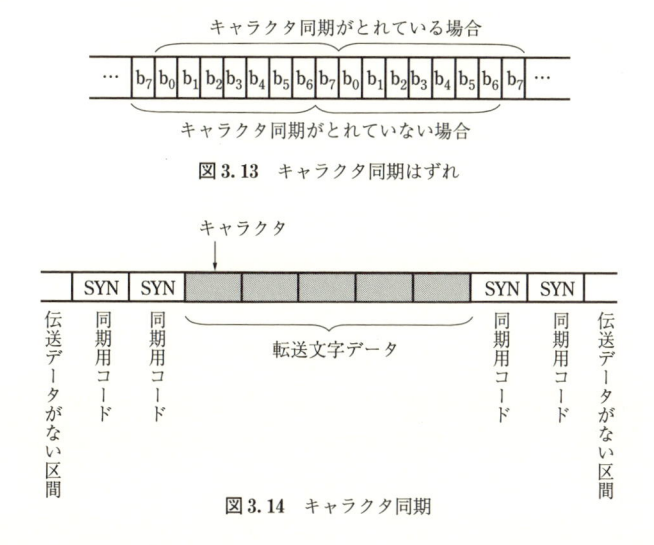

図3.13 キャラクタ同期はずれ

図3.14 キャラクタ同期

(b) フラッグ同期

キャラクタ同期は伝送データが文字コード単位であると仮定しているが，フラッグ同期では図3.15のように一般的なビット列のデータを仮定している．そして一連のデータを送るとき，転送データ（任意長のビット列）の最初と最後に特定のフラッグパターン，たとえばHDLC手順の伝送制御では '0111 1110' をつける．フラッグ同期は，このビットパターンをもとに転送データの始まりと終わりを知る方法である．しかし転送しているデータの途中に '0111

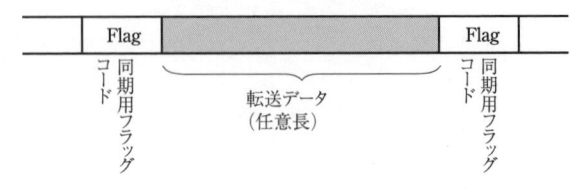

```
   ┌──────┐                    ┌──────┐
   │ Flag │    転送データ       │ Flag │
   │同期用│    (任意長)         │同期用│
   │フラッグ│                   │フラッグ│
   │コード│                    │コード│
   └──────┘                    └──────┘
```

図 3.15 フラッグ同期

1110' が現れると同期が崩れるので，'1' が 5 つ連続するとその後に '0' を挿入し，受信時には '1' が 5 個連続した後の '0' を除去する．

(c) 調歩同期方式

ビット同期と同じようにスタートビットとストップビットで文字のブロックを知ることができるので，調歩同期方式はブロック同期の 1 つとなる．つまり，調歩同期はビット同期とキャラクタ同期の両方を同時に行えることになる．

3.7 伝送モード

ある相手とデータ交換するときには，発信側からと応答側からの 2 つの異なった方向のデータの流れがある．このデータの流れを同時に許すか許さないかの違いを伝送モードと呼び，図 3.16 のように 3 つのモードに分けられる．

```
              ┌ 単方向モード
伝送モード  ┤ 半二重モード
              │                 ┌ 2線式
              └ 全二重モード ┤
                                └ 4線式
```

図 3.16 伝送モードの分類

単方向モードは図 3.17 (a) のように，1 方向のみの伝送形態である．半二重モードは同図 (b) のように両方向の通信が可能であるが，同時に両方向のデータを送ることができない．A 側がデータを送っているときには，B 側は A 側にデータを送ることができず，A 側の送信が終了するのを待ってデータを送らねばならない．全二重モードは同時に両方向のデータ伝送ができるモードで，同図 (c)，(d) のように 2 線式と 4 線式がある．2 線式は 2 本の線の上に両方向のデータをのせる方式で，4 線式は 2 線のペアでおのおのに 1 方向のデータを割り当てる．

3.7 伝送モード

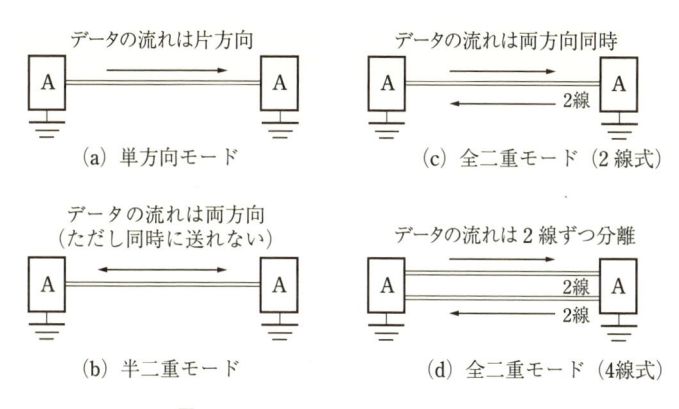

(a) 単方向モード — データの流れは片方向

(b) 半二重モード — データの流れは両方向（ただし同時に送れない）

(c) 全二重モード（2線式） — データの流れは両方向同時

(d) 全二重モード（4線式） — データの流れは2線ずつ分離

図 3.17 単方向，半二重，全二重モード

演習問題

3.1 受信信号系列からビット同期タイミング信号が抽出できるために伝送符号形式が満たすべき条件を述べよ．

3.2 PCM の量子化においては実際の振幅値と量子化された振幅値との間に誤差が生じるので，復元されたアナログ信号は元の信号とわずかながら異なったものとなる（この誤差を量子化雑音と呼ぶ）．復元されるアナログ信号が元の信号にできるだけ近いものになるようにするにはどのようにすればよいかについて説明せよ．

3.3 単一誤り検査符号で，偶パリティの場合と奇パリティの場合で誤り検出能力に差があるかについて説明せよ．

3.4 CRC 符号で誤りが検出できない場合はどのような場合かについて述べよ．

3.5 フラッグ同期の場合，転送データの中にフラッグパターンと同じパターンが含まれると同期が取れなくなる．このような問題を解決するにはどうすればよいかを説明せよ．

4 デジタル変復調

　伝送路には同軸ケーブル，光ファイバ，空中など種々の媒体が存在し，各伝送路によって伝送特性が異なり，また伝送路ごとに信号を通しやすい周波数帯域が存在するとともに，伝送路によってはベースバンド伝送が不可能な場合がある．たとえば無線通信の場合や公衆電話回線（帯域 300 Hz～3.4 kHz）のように帯域が制限されている場合などである．このような場合，デジタル信号を伝送路の伝送特性に適した形に変換し，データ伝送を行う方法が用いられる．この変換が変調と呼ばれるものである．変調は，搬送波と呼ばれる正弦波の振幅や周波数や位相をデジタル信号に応じて変化させることにより行う．変調されて伝送路を通ってきた信号は，受信側で元の変調される前の形に戻す必要がある．変調と逆の変換を復調という．この章では，デジタル信号の変調方式と変調方式を用いた伝送路の有効利用技術（多元接続技術）について述べる．

4.1 信号と周波数

　データ通信はデータを電気信号の形で送るが，この電気信号は時間的に変化する信号波として，いわゆる時間領域で時間の関数として表現されるのが普通である．ところが時々刻々変化する信号波の伝送路などでのふるまいをそのままの形で解析するのは不可能に近い．このような場合，その信号波が周波数の異なる多くの正弦波の合成により構成されているとみなして，周波数がいくらで振幅および位相がいくらの正弦波により構成されているかという形で表現し

た方が都合がよい．このような表現方法を周波数領域での表現という．

図 4.1 (a) に示す正弦波は，1 秒間に 1 周期なので周波数が 1 Hz の信号と呼び，この信号の大きさ A_1 を振幅という．図 4.1 (b) に示す正弦波は同図 (a) と同じく，周波数 1 Hz，振幅 A_1 の信号であるが，位相が $\pi/2$ ラジアン（90°）進んでいる．図 4.1 (c) の正弦波は 1 秒間に 4 周期なので，周波数が 4 Hz で，振幅が A_4 であるという．このように，1 つの正弦波は周波数，振幅，位相で表現されるので，正弦波 $s(t)$ を

$$s(t) = A\sin(2\pi ft + \phi) \tag{4.1}$$

と表す．A は振幅，f は周波数，ϕ は位相である．図 4.1 (a), (b), (c) の正弦波はそれぞれ $A_1\sin(2\pi t)$，$A_1\sin(2\pi t + \pi/2)$，$A_4\sin(8\pi t)$ と表される．

図 4.1 (b) の信号と同図 (c) の信号を加え合わせた信号 $s_1(t) = A_1\sin(2\pi t + \pi/2) + A_4\sin(8\pi t)$ を図 4.2 (a) に示す．この信号 $s_1(t)$ の周波数成分は 1 Hz と 4 Hz で，1 Hz の成分の振幅と位相は A_1 と $\pi/2$（ラジアン），4 Hz の成分の振幅と位相は A_4 と 0 であるという．図 4.2 (b), (c) に示すように，横軸に周波数成分の周波数を，縦軸に振幅あるいは位相を描いたグラフを振幅スペクトラムあるいは位相スペクトラムといい，両者を総称して周波数スペクトラムという．

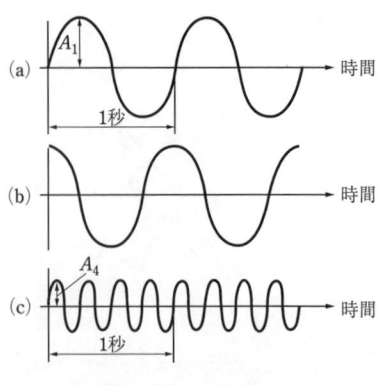

図 4.1　正弦波信号

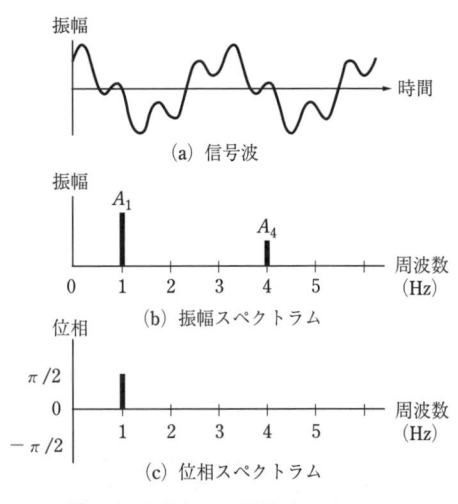

図 4.2　信号波形と周波数スペクトラム

4.2 搬送帯域伝送方式

4.2.1 ASK

ASK (amplitude shift keying) は，搬送波の振幅をデジタル信号"1"と"0"に対応させて変化させる変調方式である．最も簡単な ASK は，図4.3に示すように，デジタル信号のパルスの有無で開閉するスイッチング回路に搬送波を通すことにより作られる2値の ASK である．

振幅のレベルを多値に選び，各レベルにデジタル信号のビット列を割り当てれば，多値の ASK 波を作ることができる．たとえば，デジタル信号の"00"，"01"，"10"，"11"の4種類のビット列を4種類の振幅に対応させれば4値 ASK 波が得られる．

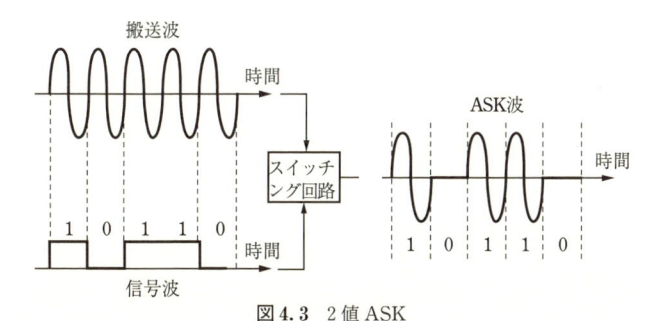

図4.3 2値 ASK

4.2.2 FSK

FSK (frequency shift keying) は，搬送波の周波数をデジタル信号の値に応じて変化させるもので，デジタル信号"1"と"0"に対応させて，周波数の異なる2つの搬送波をそれぞれに割り当てる．2つの周波数をデジタル信号"1"と"0"に対応付けるには，図4.4に示すように2種類の発振器を切り換える方法と，1つの発振器を制御して周波数を変える方法がある．周波数が連続的に変化する FSK を特に CPFSK (continuous phase frequency shift keying) という．FSK は，電話回線を用いてデータ通信を行うときに用いるモデ

図4.4 FSK

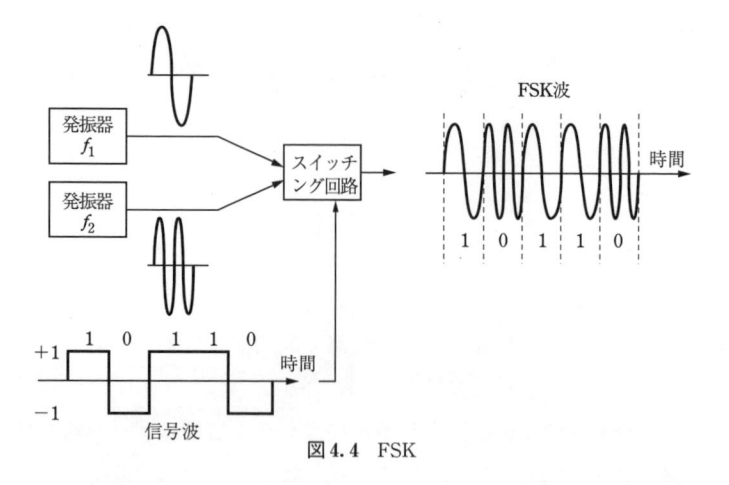

ムで採用されている．モデムで用いられているFSKでは，周波数帯域の関係から300〜1200 bpsの低速用のものが用いられている．

FSKは，変調波の振幅が一定なため，レベル変動や雑音に対して強いという特長がある．しかし，伝送速度が上がると占有帯域幅が広がるので，高速通信には向かない．伝送帯域幅を狭くするには，2つの搬送波の周波数の差を小さくする必要が

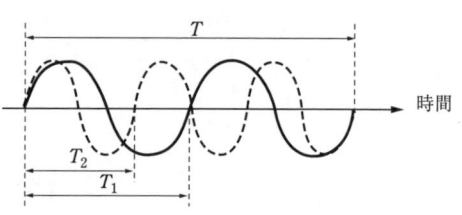

図4.5 位相が連続する周波数差最小の正弦波

ある．CPFSKにおいて，2つの周波数をそれぞれf_1, f_2，周期をT_1, T_2（$T_1=1/f_1$, $T_2=1/f_2$），1つの伝送記号を表す搬送波の長さをTとすると，位相が連続するためにはf_1Tおよびf_2Tが整数でなければならない．したがって

$$(f_2-f_1)T = T/T_2 - T/T_1 = 1, \quad (f_1 < f_2) \tag{4.2}$$

のとき，2つの周波数の差が最小になる（図4.5）．このとき

$$f_2 - f_1 = 1/T \tag{4.3}$$

である．

4.2.3 MSK

図4.6に示すようにデジタル信号"1"と"0"を表すのにそれぞれ極性が異

なる2つの波形を用意し，図4.7のように信号"1"，"0"に対して位相が連続するようにいずれかを対応させると，2種類の搬送波の周波数差を式(4.3)の半分にすることができる．このときの周波数差が最小の連続位相FSKをMSK (minimum shift keying) という．MSKでは

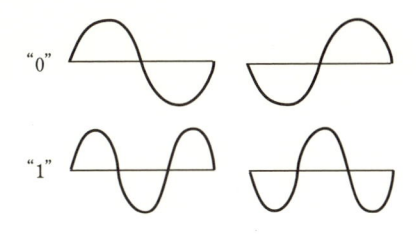

図4.6 極性の異なる2つの波形

$$(f_2-f_1)T = T/T_2 - T/T_1 = 1/2, \quad (f_1 < f_2) \tag{4.4}$$

すなわち

$$f_2 - f_1 = 1/2T \tag{4.5}$$

である．

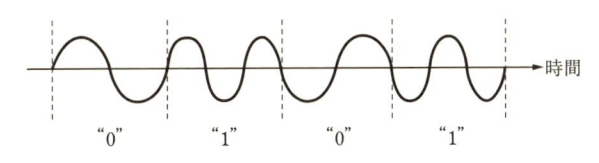

図4.7 MSK波

4.2.4 GMSK

変調前のデジタル信号をガウスフィルタと呼ばれる低域通過フィルタに通してからMSK変調を行う方式をGMSK (Gaussian filtered minimum shift keying) という．高域成分を取り除くことにより帯域制限を行い，隣接チャネルへの干渉を抑える．GMSKでは帯域制限したにもかかわらず包絡値が一定であり，周波数効率と送信電力効率がともに優れているという特長がある．ヨーロッパで標準化されているデジタル携帯電話のGSM方式で使われている．

4.2.5 PSK

PSK (phase shift keying) は，搬送波の位相をデジタル信号の値に応じて変化させる変調方式である．位相の変化には，絶対位相をとるタイプと，前の

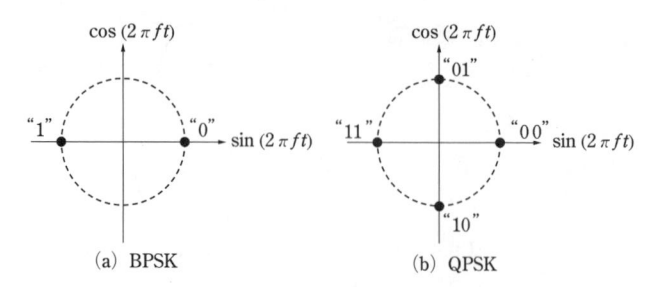

図4.8 BPSK と QPSK の位相配置

状態からの相対的な変化をとるタイプがあり，信号を検出しやすい後者が一般的である．このようなタイプを特に差分 PSK あるいは DPSK (differential phase shift keying) という．

0度，180度の2つの位相に"0"，"1"の2値を割り当てる180度反転タイプは，2相 PSK あるいは BPSK (binary phase shift keying) と呼ばれる．位相のシフト量を90度単位にすると，0度，90度，180度，270度の4種類の遷移が選べ，"00"，"01"，"11"，"10"の4種類のビット列をこれに割り当てれば，1回の変調で2ビットの伝送が行える．このような4種類の位相を使う PSK を4相 PSK あるいは QPSK (quadrature phase shift keying, quaternary phase shift keying) という．BPSK と QPSK の位相配置を図4.8に示す．1回の変調に乗せるビット数を増やせば帯域を広げずに伝送速度が上がり，より高速にデータが伝送できるが，位相変化の識別が困難になるため，実際には8相を使って1シンボル当たり3ビットを変調する8相 PSK くらいまでしか使われない．ここで1シンボルとは，変調信号上に現れる情報信号の最少単位である．

(a) BPSK

搬送波の位相 0, π (ラジアン) にデジタル信号"0"，"1"を割り当て，受信側ではこの搬送波の位相を検出することで，送られた信号が0なのか1なのかを識別する．$\sin(2\pi ft+\pi)=-\sin(2\pi ft)$ より，π(ラジアン)つまり180度の位相偏移は振幅を反転させることと同じであるから，BPSK は信号"0"と"1"を振幅1と−1に割り当てる ASK と同じである (図4.8 (a))．図4.9 に示すように，搬送波にデジタル信号"+1"，"−1"を乗算することにより

図 4.9 BPSK

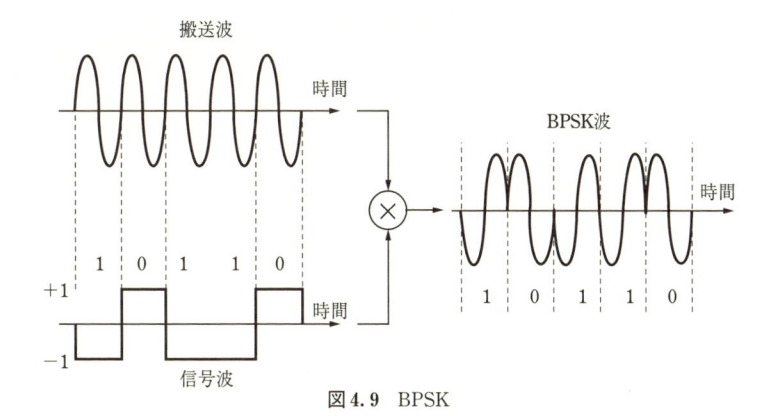

BPSK 波を作ることができる．

BPSK は PSK の中で最も単純な方式であり，伝送効率はさほど高くないが伝送路の雑音には比較的強いという特長がある．反面この方式は位相が急激に変化するため，変調波の周波数スペクトラムが広がる欠点がある．

(b) 差分 BPSK（DBPSK）

図 4.10 に示すように，デジタル信号が "0" のとき搬送波の位相を π（ラジアン）ずらし，"1" のとき位相はそのままにする．受信側では，直前の信号区間の位相と比較して，位相が同じであれば "1"，π（ラジアン）ずれていれば "0" と判定する．

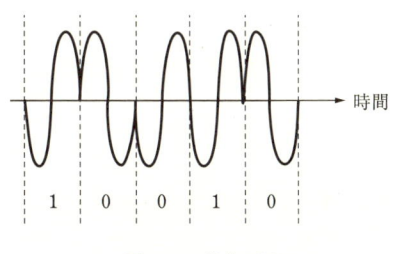

図 4.10 差分 BPSK

(c) QPSK

搬送波の 4 つの位相 0，$\pi/2$，π，$3\pi/2$（ラジアン）にデジタル信号 "00"，"01"，"11"，"10" を割り当てる．図 4.11 に示すように，2 値データ系列（d_0，d_1，d_2，d_3，d_4，d_5，…）を 2 つの系列

$$d_I(t) = d_0, \ d_2, \ d_4, \cdots$$
$$d_Q(t) = d_1, \ d_3, \ d_5, \cdots$$

に分割し，それぞれを $\pi/2$（ラジアン）すなわち 90 度位相の異なる 2 つの搬送波で BPSK 変調し，2 つの BPSK 波を合成すると QPSK 波が得られる．

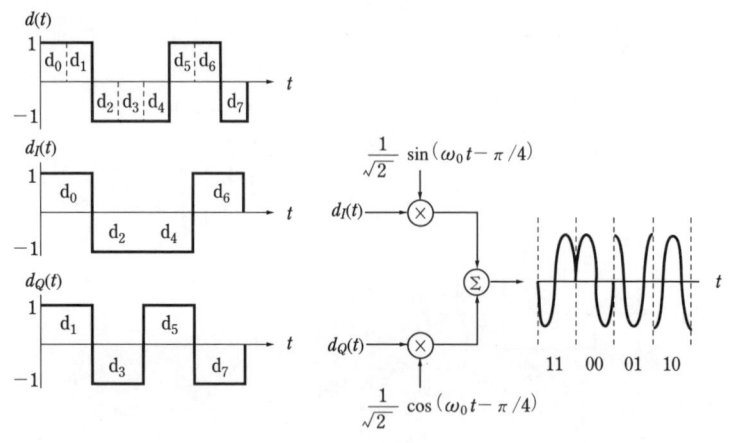

図 4.11　QPSK

(d) 差分 QPSK（DQPSK）

2値データ系列を2ビットずつに区切り，図4.12に示すように，"00"のとき搬送波の位相を$\pi/2$(ラジアン)，"10"のとき位相をπ(ラジアン)，"11"のとき位相を$3\pi/2$(ラジアン) ずらし，"01"のとき位相はそのままにする．受信側では，直前の信号区間の位相と比較して，位相が同じであれば"01"，$\pi/2$(ラジアン) ずれていれば"00"，π(ラジアン) ずれていれば"10"，$3\pi/2$(ラジアン) ずれていれば"11"と判定する．

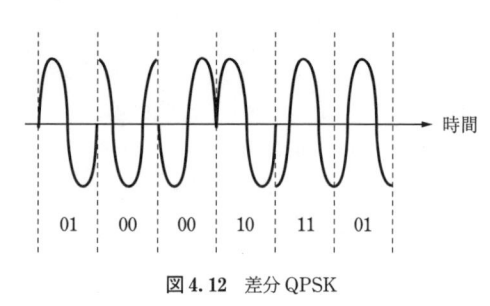

図 4.12　差分 QPSK

4.2.6　$\pi/4$ シフト QPSK

$\pi/4$ シフト QPSK は，1シンボルごとに$\pi/4$(ラジアン)（つまり90度）ずつ位相面を回転させた搬送波を用いる QPSK 変調方式である．図 4.13 (a) に示すように，4種類の位相信号の組を（$\pm\pi/4$, $\pm3\pi/4$）（図 4.13 (a) の○印）と（$0, \pi/2, \pi, 3\pi/2$）（図 4.13 (a) の●印）の2組作り，これらの組から交互に位相信号を選ぶ．位相平面上で変調信号をみると，円周上に$\pi/4$(つま

り 45 度）ずつ離れた信号点が 8 個並ぶ．こうすると，位相遷移は図 4.13 (b) に示すように，連続する信号間で 180°の位相変化は起こらないから，変調波の周波数スペクトラムの広がりを防ぐことができる．$\pi/4$ シフト QPSK は

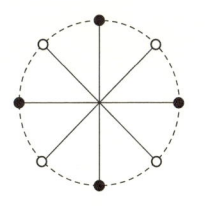

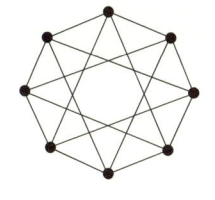

(a) 位相配置図　　　(b) 位相遷移図

図 4.13　$\pi/4$ シフト QPSK

標準規格 STD T-27 および T-28 で規定されている TDMA 方式の携帯電話で使われている．

4.2.7　Offset QPSK (OQPSK)

図 4.14 に示すように，ベースバンド信号 $d_Q(t)$ を $d_I(t)$ に対して半パルス分ずらせて変調を行うと，$d_I(t)$ と $d_Q(t)$ が同時に記号変化することはないから，QPSK 波の位相が 180°変化することはない．これを Offset QPSK (OQPSK) という．OQPSK では位相平面上の信号点は正方形の頂点に配置されるが，$\pi/4$ シフト QPSK と同様，連続する信号間で 180 度の位相変化は起こらない．しかし，OQPSK は復調方式のひとつである遅延検波が使えないため，構成の簡易さを追求するシステムでは $\pi/4$ シフト QPSK を採用してい

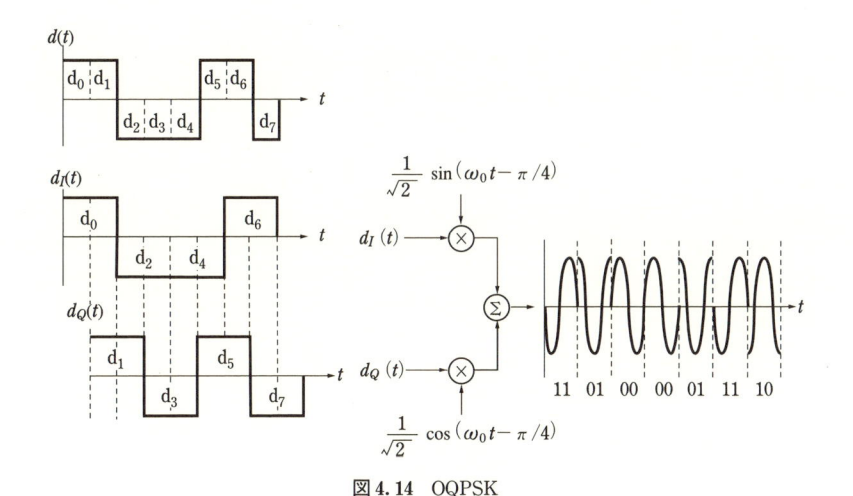

図 4.14　OQPSK

る．標準規格 STD T-53 で規定されている CDMA 方式の携帯電話は QPSK/OQPSK を使っている．

4.2.8 QAM

直交する 2 つの搬送波による ASK 波を合成することにより，搬送波の位相と振幅を一度に変化させることができる．このような変調方式を QAM (quadrature amplitude modulation) という．直交する 2 つの搬送波による 4 値 ASK 波を合成すれば，図 4.15 に示すような，16 通りの信号状態を有する 16 QAM が得られ，1 シンボル当たり 4 ビットのデータが伝送できる．同様に n 値 ASK 波から n^2 QAM が合成でき，1 シンボル当たり $\log_2 n^2$ ビットのデータが伝送できる．マイクロ波帯ではすでに 256 QAM が実用化されている．なお，QPSK は 4 QAM と同じである．

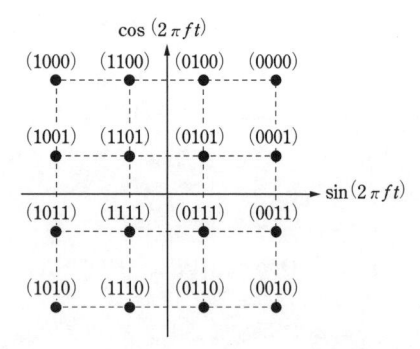

図 4.15　16 QAM のデータ点配置

16 QAM 以上では多相 PSK より雑音に強いという利点がある．QAM は，国際電気通信連合 (ITU-TS) のモデムに関する規格 V.22 bis 以降の標準の変調方式として採用されており，2400〜4800 bps のモデムに広く利用されている．

n^2 QAM の他にも，図 4.16 に示すような 32 QAM がある．

図 4.16　32 QAM のデータ点配置

4.3 誤り制御符号と符号化変調方式

データ伝送の信頼性を高める方法の1つに誤り訂正符号がある．3.5節で述べたように，誤り訂正符号化は k 個の情報記号を $n(>k)$ 個の記号に置き換えて伝送するものであり，$n-k$ 個の冗長な記号が付加されることにより信号帯域幅が広がる．これに対して，変調信号点の数を増やすことで冗長を付加することにより，信号帯域幅を広げずに受信信号の誤りを訂正する方法に符号化変調がある．

8相PSK信号と符号化率1/2のたたみ込み符号を統合した符号化率2/3トレリス符号化変調方式を図4.17に示す．b_1, b_2 はデータビットであり，a_1, a_2, a_3 は符号化ビットである．(a_1, a_2, a_3) の3ビットパターンを8相PSKの信号点に対応付ける．誤り訂正は，ビタビアルゴリズムにより，受信信号点系列に最も近い符号化信号点系列を探索することにより行う．

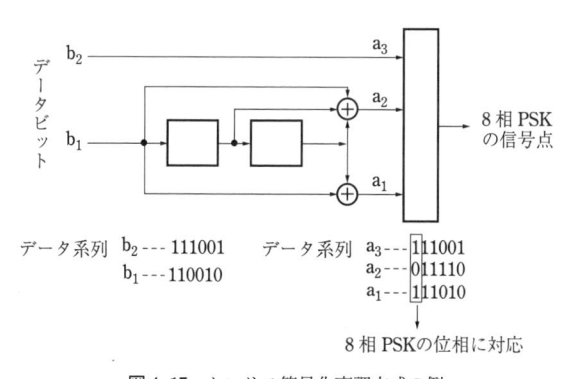

図4.17 トレリス符号化変調方式の例

4.4 多元接続

位置的に異なる多地点の複数の利用者が，伝送路を共有して同時に通信を行う方法を多元接続（multiple access）という．多元接続方式には
  (a) 時分割多元接続（time division multiple access；TDMA）

(b) 周波数分割多元接続（frequency division multiple access；FDMA）

(c) 符号分割多元接続（code division multiple access；CDMA）

の3つの方法がある．符号分割多元接続については4.5節で述べる．

多元接続技術と多重化技術はほとんど同じであるが，多重化技術は同一の地点から複数の独立した利用者に向けて送信されるデータを同時に1つの通信路で送る方式であり，両者の違いは送信元が多地点（多元接続技術）か1ヶ所（多重化技術）か，あるいは上り用（多元接続技術）か下り用（多重化技術）かにある．

4.4.1 時分割多元接続

時分割多元接続（TDMA）は，図4.18に示すように，1つの搬送波を複数の利用者が時間的に分割して使用する方法である．原理的には3.3節で述べた時分割多重化方式と同じで，一定の時間周期で多数のタイムスロットと呼ばれる単位を決めて，複数の利用者がそれぞれ異なるタイムスロットを使用する．この方式は通信チャネルを有効に活用でき，デジタル方式の携帯・自動車電話や移動衛星通信の分野で広く使用されている．

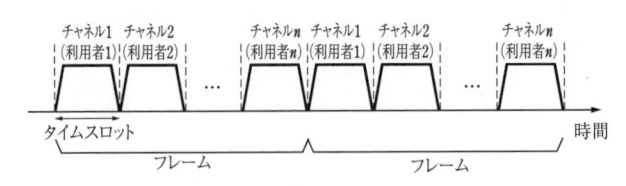

図4.18 時分割多元接続

4.4.2 周波数分割多元接続

周波数分割多元接続（FDMA）は，図4.19に示すように，周波数帯域全体をいくつかの帯域に分割し，複数の利用者がそれぞれ異なる帯域を使用する方式である．利用者間の相互干渉を避けるために，各利用者が使用するチャネル間にガードバンドを設ける．信号は連続的であるので，送受信に当たって時間的な同期を必要としない．

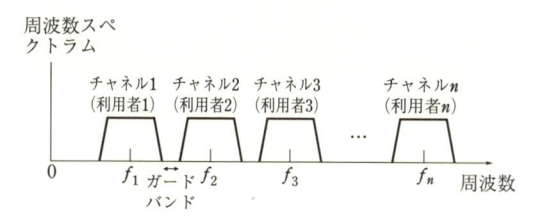

図 4.19 周波数分割多元接続

4.5 符号分割多元接続[5,6]

符号分割多元接続は，スペクトラム拡散変調技術を利用しているので，まずスペクトラム拡散変調方式について説明する．

4.5.1 スペクトラム拡散変調方式（スペクトル拡散変調方式）

スペクトラム拡散変調方式（spread spectrum；SS 方式）は，拡散符号と呼ばれる，情報信号とは無関係な雑音に似た性質をもつ符号を使って，情報信号の周波数スペクトラムを広帯域に拡散して伝送する通信方式である．

図 4.20 にスペクトラム拡散変調方式の基本構成を示す．送信側において，情報変調と呼ばれる MSK，PSK などのデジタル変調によって変調された情報信号の周波数スペクトラムを，拡散符号を用いて元の信号より広い帯域に拡散した後送信する．受信側では，送信側で用いた拡散符号を用いて，周波数スペクトラムの逆拡散を行い，その後情報の復調を行う．拡散符号は雑音によく似た性質をもった符号が使われることから擬似雑音（pseudo-random noise；

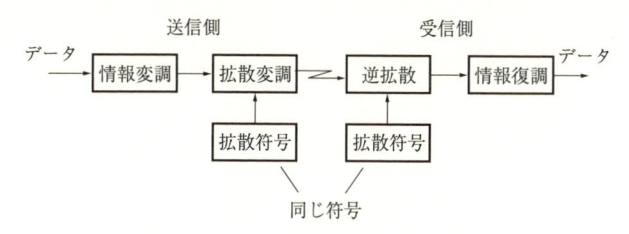

図 4.20 スペクトラム拡散変調方式の基本構成

PN）符号とも呼ばれる．

　受信側では，逆拡散時に同じ拡散符号を用いないと元の信号が復元できないため，機密性を確保できる．また，ノイズや干渉に強く通信品質が良いなどの特長をもつ．スペクトル拡散通信方式は，無線 LAN の IEEE 802.11 シリーズや近距離無線通信規格の Bluetooth，CDMA 方式の携帯電話（cdmaOne/W-CDMA/cdma 2000）などで使用されている．周波数スペクトラムを拡散する方法には，直接拡散方式（direct sequence spread spectrum；DS-SS）と周波数ホッピング方式（frequency hopping spectrum spread；FH-SS）の2つの方式がある．

(a) 直接拡散方式

　直接拡散方式では一般に，情報信号を拡散符号で拡散した後，デジタル変調する．図 4.21 に BPSK を使った DS-SS の例を示す．情報信号のビットレートよりもはるかに高いビットレートの拡散符号で情報信号を拡散変調する．直接拡散方式は，IEEE 802.11 b で使用されており，変調方式には DBPSK と DQPSK が使われている．

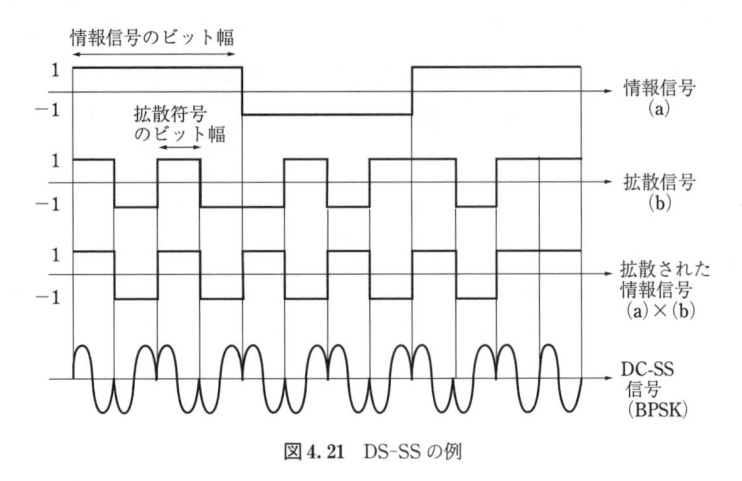

図 4.21　DS-SS の例

(b) 周波数ホッピング方式

　周波数ホッピング方式では，情報変調波の周波数帯域（チャネル）を擬似雑音符号に従って高速に切り換える（ホッピングする）ことにより，等価的にスペクトラムを拡散する．受信側でも送信側とまったく同様に搬送波の中心周波

数を変更することで，正しい通信が行われる．FH-SS 信号のスペクトラムの概念図を図 4.22 に示す．

周波数ホッピング方式は，IEEE 802.11 や Bluetooth で使用されており，Bluetooth では，2.4 GHz 帯の広帯域（2402〜2480 MHz）の中に 1 MHz ごと，79 個のチャネルを設定しており，1 秒間に 1600 回のチャネル切り換えを行う．情報変調には GFSK を用い，ビットレートは 1 Mbps である．

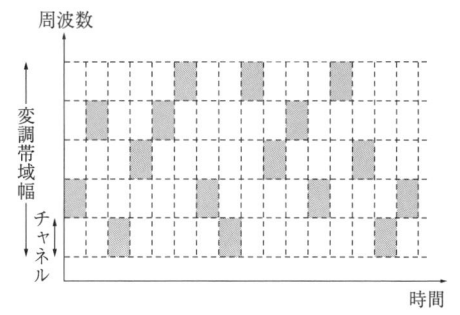

図 4.22　FH-SS 信号のスペクトラム

4.5.2　符号分割多元接続

符号分割多元接続（CDMA）は，スペクトラム拡散変調方式において，複数の利用者がそれぞれ異なる擬似雑音符号を使用する方式である．スペクトラム拡散変調方式では，同じ拡散符号（擬似雑音符号）を用いないと元の信号が復元できず，異なる拡散符号により逆拡散された信号は雑音と見なされるので，異なる拡散符号で拡散された複数個の信号が入り混じっていても，特定の

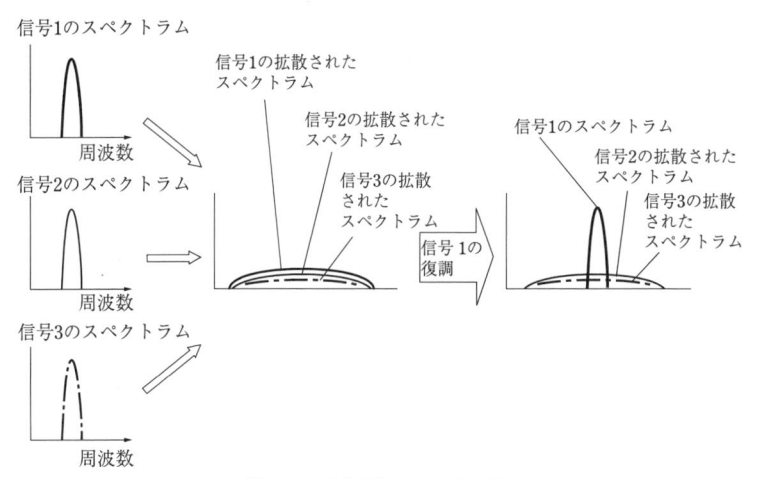

図 4.23　DS-SS による CDMA

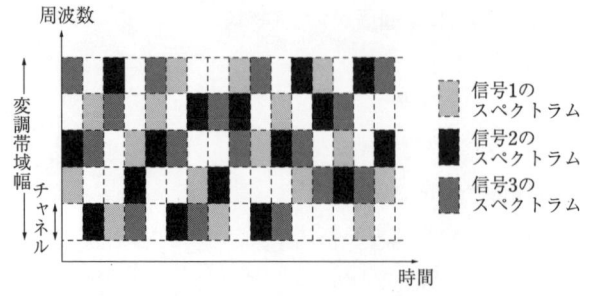

図 4.24　FH-SS による CDMA

信号だけを取り出すことができる．

DS-SS を用いた場合の CDMA の原理を図 4.23 に示す．

FH-SS では，複数の情報変調波のチャネルをそれぞれ異なる拡散符号で高速に切り換える．FH-SS を用いた場合の CDMA の原理を図 4.24 に示す．

4.6　マルチキャリア伝送直交周波数分割多重方式

データ系列をいくつかのサブ系列に分割し，各サブ系列の変調波の周波数成分が互いに重ならないように周波数軸上に配置すると，各サブ系列のビットレートが低くなるためフェージング（信号の強度等が時間的・空間的に大きく変化する現象）に対して強くなる．このような変調方式をマルチキャリア変調方式という．複数の信号の周波数成分を互いに重ならないように周波数軸上に配置する点では周波数分割多重化と同じであるが，周波数分割多重化は独立した複数の信号を同時に送るのに対して，マルチキャリア変調方式は 1 つの信号を複数の搬送波で変調する．マルチキャリア変調方式の中で，搬送波が互いに直交するように選び，周波数成分が重なるように各信号の周波数間隔を狭くして多重化する方法に直交周波数分割多重変調方式（OFDM：orthogonal frequency division multiplexing）と呼ばれる方法がある．

OFDM の基本構成を図 4.25 に示す．送信側では，データ系列を直列・並列変換して各サブ系列を同相・直交位相に複素変調（たとえば QPSK）する．次に，複素変調されたサブ系列を周波数軸上でのスペクトラムと見なし，逆高速フーリエ変換（IFFT）して時系列データに変換する．その後，時系列デー

4.6 マルチキャリア伝送直交周波数分割多重方式

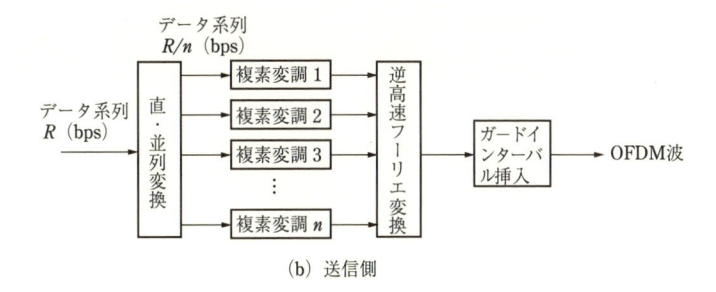

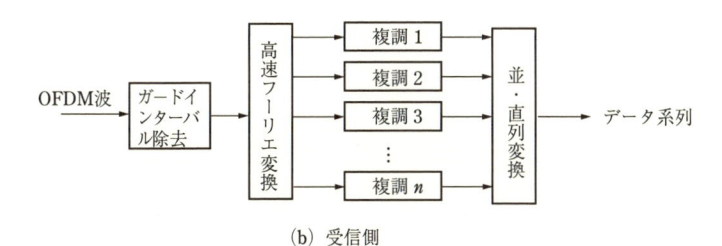

(b) 送信側

(b) 受信側

図 4.25　OFDM の基本構成

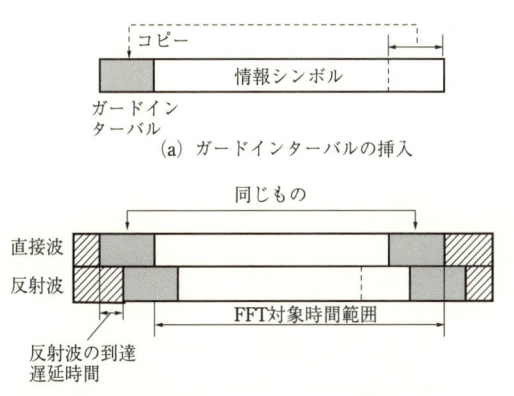

(a) ガードインターバルの挿入

(b) ガードインターバルの効果

図 4.26　ガードインターバル

タにガードインターバルを付加してOFDM波を得る．ガードインターバルを付加する理由は，直接波に対して遅れて到達した反射波があっても，FFT対象時間範囲（FFT窓）の両端で波形が連続するようにするためである．FFT窓の両端で波形が連続にならないと，それに起因してサブ系列の周波数成分間

(a) サブキャリアのスペクトラム

(a) OFDMのスペクトラム

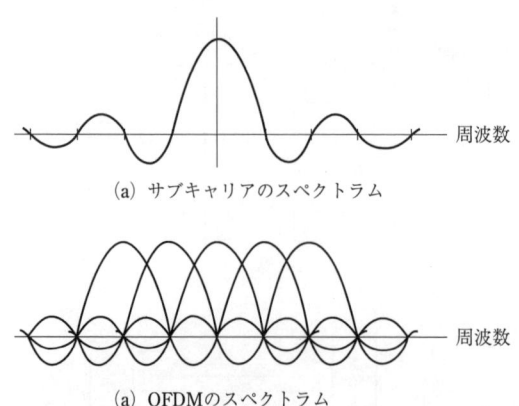

図 4.27　OFDM の周波数スペクトル

に干渉が生じる．ガードインターバルの挿入とその効果を図 4.26 に示す．同図 (b) に示すように，反射波の到達遅延時間がガードインターバル以内であれば，FFT 窓の両端で波形が連続する．

　図 4.27 (a) にサブキャリア（サブ系列の搬送波）のスペクトラムを，同図 (b) に OFDM の周波数スペクトラムを示す．サブキャリアの周波数成分が重なるようにしても互いが干渉しない理由は，各サブキャリアのピーク点のところでは他のサブキャリアの周波数成分がゼロになっており，互いに影響を及ぼさないからである．

　OFDM は，フェージングやマルチパス障害（多重反射による反射波の時間的ずれの影響）に強いため地上波デジタルテレビ放送等に採用されている．

演習問題

4.1　DBPSK が BPSK に比べて信号検出が容易である理由を述べよ．
4.2　$\pi/4$ シフト QPSK において最大位相偏移は何度かを述べよ．
4.3　QPSK や 16 QAM においては，図 4.8 (b) および図 4.15 に示すように，隣り合う信号点に対応するビットパターンは 1 ビットしか違わないように決めている．その理由を述べよ．
4.4　時分割多元接続および周波数分割多元接続の長所，短所について述べよ．

4.5 符号分割多元接続で用いるスペクトラム拡散変調方式において，拡散符号が有すべき性質について述べよ．

5 ローカルエリアネットワーク

　コンピュータネットワークの代表的なネットワークとしてLAN（ローカルエリアネットワーク，local area network）がある．これは一般的には1つのオフィス内やフロア内，家庭の中など比較的狭い範囲に張り巡らされるコンピュータネットワークを意味するのに対して，WAN（ワイドエリアネットワーク，wide area network）と呼ばれるネットワークは日本国内とか海外の国をまたいで張り巡らされるネットワークであり，コモンキャリア（common carrier）と呼ばれる通信事業者が提供する通信回線を用いてLANなどのネットワークを相互に結ぶ広域コンピュータネットワークを意味する．

　現在，ローカルエリアネットワーク（LAN）で主に使用されているイーサネットは，3章で述べたベースバンド伝送方式を用いており，コンピュータから送信されるデータをマンチェスタ符合などの符号化を行い，変調せずにそのまま伝送路に送信する．一方，IEEE 802規約における変調を行う伝送方式であるブロードバンド方式として唯一規格化された10 BROAD 36は，現在ではほとんど使用されていない．この章ではOSIモデルの通信機能の規約を定義している下位4階層のうち，ローカルエリアネットワークで用いられる伝送メディアのその特徴（物理層），ベースバンド方式におけるアクセス方式とその制御方法（データリンク層）について述べる．

5.1　LANとコンピュータネットワーク

6章にて後述するデータ交換方式はLANおよび広域ネットワークの両方で用いられるが，その特徴としては
(1) point-to-point形のネットワークで2つの局の間のデータ伝送制御
(2) スター形，バス形のネットワークにおいては集中制御方式のデータ伝送制御

に重点があり，LANで重要となる分散制御方式にはあまり力点がおかれていない．つまり，多くの局が同時にデータリンクを確立しようとした場合，単に「最も早くデータリンクの確立を試みた局がデータリンクを確立できる」と規定しているだけで，同時発信の場合などの調整の手順が明確ではない．
　これに対してLANのネットワークは基本的に分散制御方式が必須であり，すべての局が対等の立場で通信する際に，ネットワーク全体で最も効率よくデータ交換を行うためのデータ伝送制御手順が必要になる．

5.2　伝送メディアとネットワークの構成

5.2.1　伝送メディア

伝送メディアとは伝送媒体とも呼ばれ，実際にデータを表す信号の流れる伝送路である．伝送メディアには大きく分けて有線と無線の2種類があり，有線では同軸ケーブル，ツイストペアケーブル，光ファイバケーブル，無線では赤外線や電波などが使用されている．以下では伝送メディアについて解説する．

(a) 同軸ケーブル

イーサネットで用いられる同軸ケーブルには2種類があり，直径約10 mmの10 BASE 5で使用される「太同軸ケーブル」と直径約5 mmの10 BASE 2で使用される「細心同軸ケーブル」がある．同軸ケーブルは図5.1に示すように，心線と呼ばれる中心導体と外部導体による2線式の構造をもつ．

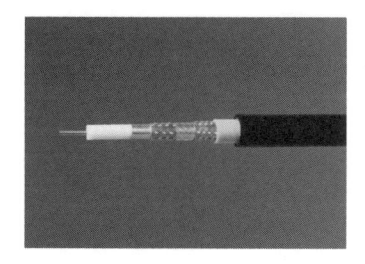

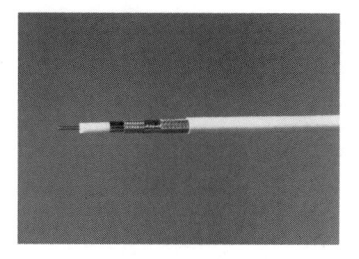

(a) 屋外型同軸ケーブル　　　　　　(b) 屋内型同軸ケーブル

図 5.1　同軸ケーブル（日立電線（株）提供）

(1) 太同軸ケーブル（10 BASE 5 ケーブル）

イエローケーブル，または Thick Cable とも呼ばれ，最大 500 m の同軸ケーブル（特性インピーダンス 50 Ω，RG-11）の 1 つをセグメントとし，repeater（中継装置）を介して最大 5 つ接続することができ，各セグメントには最大 100 個のメディア接続ユニットをつけることができるので，全体で 500（ただし repeater の端子の数も含む）の局が接続できる．

(2) 細心同軸ケーブル（10 BASE 2 ケーブル）

太同軸ケーブルと比べて細いことから Thin Cable とも呼ばれ，最大 185 m の同軸ケーブル（RG-58）を 1 つのセグメントとし，太同軸ケーブルと同様にケーブルの両端には信号波が乱れないように終端抵抗（ターミネータ）を取り付ける必要がある．細心同軸ケーブルでは，端末の接続を容易にするため，太同軸ケーブルで使用されるトランシーバの代わりに T 型コネクタを使用する．

(b) ツイストペアケーブル

ツイストペアケーブルは 2 本の導線が寄り合わせたものを 4 本さらに寄り合わせたケーブルで，皮膜を 1 枚はがすと導線が 2 本 1 組にしてより合わせてあり「より対線ケーブル」とも呼ばれる．シールド付きツイストペアケーブル（STP：shielded twist pair cable）とシールドなしツイストペアケーブル（UTP：unshielded twist pair cable，図 5.2）の 2 種類がある．

現在，最も一般的に普及している UTP ケーブルは，100 BASE-TX や 1000 BASE-T などで使用されているもので，UTP ではこのより合わせにより導線から生じるノイズの影響を相殺することにより，導線内の信号の減衰を押さえている．100 BASE-TX では，2 本を送信専用，2 本を受信専用にする

(a) UTPケーブル　　　　　　　(b) コネクタ (RJ45) 付
　　　　　　　　　　　　　　　　　UTPケーブル

図5.2　ツイストペアケーブル（日立電線（株）提供）

ことによって4線式の全二重通信を実現している．

　ツイストペアケーブルは表5.1に示すように，その品質や用途によって1〜5eまでのカテゴリーに分類され，使用するネットワークの速度や規格に合ったものを使用する必要がある．現在では，デスクトップ PC では 1000 BASE-T が標準的に使用されるため，UTP ケーブルはカテゴリー5eのケーブルを使用することが一般的である．

表5.1　ツイストペアケーブルの分類

ケーブルのカテゴリー（分類）	ケーブル特性（最大アナログ信号伝送周波数）	最大伝送速度	適用される LAN
カテゴリー1（CAT 1）	1 MHz	20 Kbps	音声 (電話)
カテゴリー2（CAT 2）	16 MHz	4 Mbps	ISDN 基本インタフェース，低速度デジタル端末 (RS 232 C) など
カテゴリー3（CAT 3）	16 MHz	16 Mbps	10 BASE-T，100 BASE-T 4
カテゴリー4（CAT 4）	20 MHz	20 Mbps	16 Mbps トークン・リング
カテゴリー5（CAT 5）	100 MHz	100 Mbps	100 BASE-TX
カテゴリー5e（CAT 5e）	100 MHz	1000 Mbps	1000 BASE-T

（c）光ファイバケーブル

　イーサネットは LAN 用途での使用においては伝送可能な距離が短くても安価なメタルケーブルで十分であったが，より高速なギガビットイーサネットの

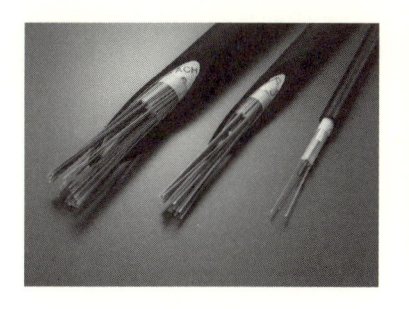

5.2 伝送メディアとネットワークの構成

(a) テープ型光ケーブル 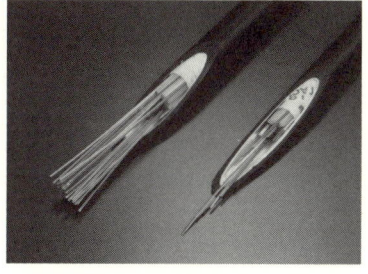　　　　(b) メタル複合型光ケーブル

図 5.3 光ファイバケーブル（日立電線（株）提供）

登場により，伝送距離および伝送速度の問題から，LAN の基幹ネットワーク（バックボーンネットワーク）の構築や，より大規模な WAN に対応するため，光ファイバケーブルが一般的に用いられるようになった．

　光ファイバケーブル（図 5.3）は，光のパルスを電送するために非常に伝送損失の低い高純度な石英ガラスで作られている．その特徴としては，伝送帯域が非常に広く，細くて軽量かつある程度は曲げることができ，またメタルケーブルと異なりノイズを受けにくいことがあげられる．しかし，材質の問題からケーブルの曲げ半径に制限があり，通常は 10 cm 程度の輪状にする必要があることや，ネットワーク敷設の際に特殊な工具と専門的な技術を必要とするため，メタルケーブルと比較すると高価であり，基幹ネットワーク用途に限定して使用されていることが多い．光ファイバケーブルにはマルチモードとシングルモードの 2 種類がある．（図 5.4）

　マルチモード光ファイバケーブルは，光パルスの通るコアの直径が 50 μm または 62.5 μm のものが一般的に使用されている．このコア径はシングルモード光ファイバケーブルのコア径の 5 倍以上も太く，データ伝送の際には LED（発光ダイオード）などの光源から出た光パルスは，光ファイバケーブルの中を屈折しながら伝送される．

　一方シングルモード光ファイバケーブルは，光パルスの通るコアの直径が 10 μm であり，コアとクラッド径の屈折率を制御することにより，光パルスを直線的に伝送するように設計されている．そのためマルチモード光ファイバケーブルと比較すると，伝送速度が高速であり，長距離伝送が可能である．

(a) 光ファイバ・ケーブルの構造

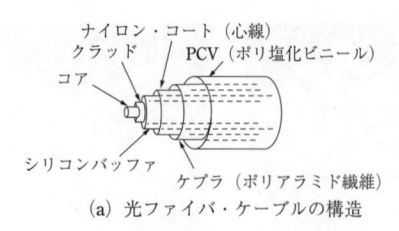

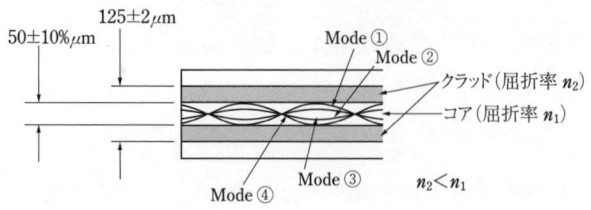

(b) マルチモード光ファイバ（グレーテッド・インデックス型）

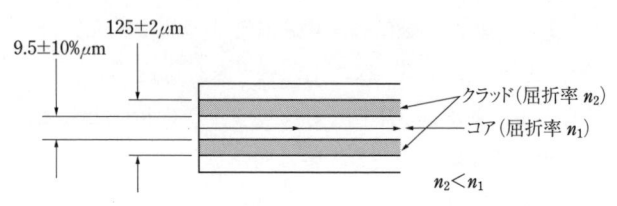

(c) シングルモード光ファイバ（ステップ・インデックス型）

図 5.4　光ファイバケーブルの概念

5.2.2　ネットワークの構成

　ネットワークを構築する際には，使用するネットワーク規格に対応した接続形態（トポロジ）を考えることが必要になる．ネットワークのトポロジには物理トポロジと論理トポロジという考え方があり，物理トポロジと論理トポロジは必ずしも一致しない．物理トポロジは実際の通信路の形態であり，論理トポロジはデータリンク層におけるネットワークの規格そのものである．たとえば，10 BASE-T では物理トポロジはスター形であるが，論理トポロジはバス形である．

　トポロジを考えるとき，2 台のコンピュータを直接接続する point-to-point 形が基本となるが，コンピュータの台数を増やしていくと，新たな接続ごとに既存のすべてのコンピュータと接続する必要があり，集中制御方式のネットワ

ーク構成を考える必要がある．集中制御方式のトポロジとしては，スター形，バス形，リング形の3種類があり，以下ではそれぞれのトポロジについて解説する．

(a) スター形

スター形は中心にネットワーク機器を配置し，それに端末を接続していく方式で，現在の LAN において最も一般的な形態である．中心となるネットワーク機器にはスイッチングハブが一般的に用いられる．スター形においては，スイッチングハブと各コンピュータが分散制御方式により通信制御を行う．この方式では，新たにコンピュータを接続する場合に，中心のネットワーク機器に接続するだけであり機器の増設が容易に行えるが，ネットワークの速度などは中心のネットワーク機器の機能・性能に依存し，その機器にトラブルが起きるとネットワーク全体がダウンするケースもある．スター形を使用する IEEE 802.3 の主な規格としては，10 BASE‐T，100 BASE‐TX，ATM LAN，1000 BASE-T などがある．

(b) バス形

バス形は1つの伝送路に複数のコンピュータを直接接続し，物理的な伝送メディアを共有する方式である．バス形では複数のコンピュータが同時にデータを送信すると伝送路上で信号同士が衝突を起こすため，衝突を回避するためにアクセス制御手順が用いられる．イーサネットの場合，後述する CSMA/CD 方式が採用されている．また，ネットワーク全体に波及するトラブルの発生は，中心となるネットワーク機器が存在しないため，ネットワークケーブル自体の絶縁不良やトランシーバ，ターミネータの不良などに限定される．IEEE 802.3 におけるバス形の主な規格としては，10 BASE 5 や 10 BASE 2 がある．

(c) リング形

リング形はネットワーク機器同士をリング上に接続し，そのネットワーク機器にコンピュータを接続する形態で，大別してトークンパッシングリング形とトークンパッシングバス形がある．また，光ファイバケーブルを使用したトークンリング形のものとして，ANSI NCITS T 12 の FDDI の規格もある．トークンパッシングリング形は IEEE 802.5 で標準化されていて，物理的にはス

ター形の形になっているが，論理的にはトークンを巡回させてデータを伝送するリング方式になっている．トークンパッシングバス形は IEEE 802.4 で標準化されていて，物理的にはバス形であるが，論理的にリング形になっている．トークンパッシングについては後述のアクセス方式にて説明する．

5.3　IEEE 802

LAN におけるデータ通信の標準化を検討しているのは IEEE（米国電気電子学会），ECMA（欧州電子計算機工業会）および ISO の3つが主な機関であるが，いずれも IEEE の標準規約にまとまる方向にあり，順次 IEEE の規約が ISO の規約として採用されている．

IEEE が検討している LAN の規約は IEEE 802 規約と呼ばれるもので，現在，図5.5 に示すように多くの規約からなっており，主に物理層とデータリンク層を規定している．ネットワーク層以上の規約は上図のように一部規定されているが，基本的には OSI の7階層の開放型モデルに従う形になっている．IEEE 802 規約はすべて標準規約としての合意を得ているわけではなく，各国

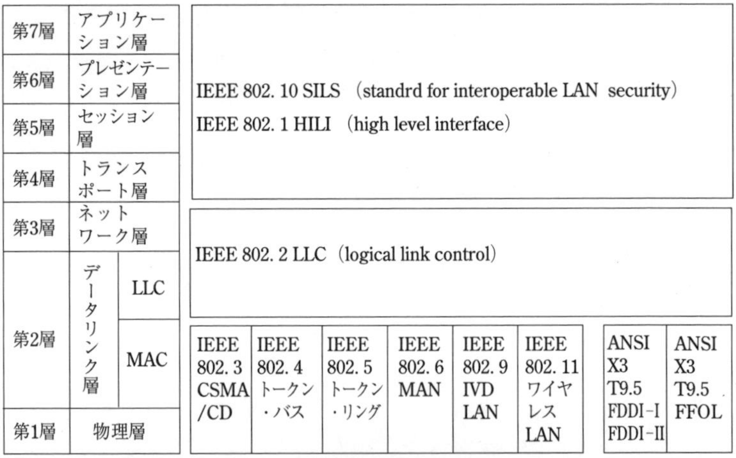

第7層	アプリケーション層		IEEE 802.10 SILS　(standrd for interoperable LAN security) IEEE 802.1 HILI　(high level interface)							
第6層	プレゼンテーション層									
第5層	セッション層									
第4層	トランスポート層									
第3層	ネットワーク層		IEEE 802.2 LLC　(logical link control)							
第2層	データリンク層	LLC								
		MAC	IEEE 802.3 CSMA /CD	IEEE 802.4 トークン・バス	IEEE 802.5 トークン・リング	IEEE 802.6 MAN	IEEE 802.9 IVD LAN	IEEE 802.11 ワイヤレス LAN	ANSI X3 T9.5 FDDI-I FDDI-II	ANSI X3 T9.5 FFOL
第1層	物理層									

MAN　：　Metropolitan Area Network
IVD LAN　：　Integrated Voice and Data LAN
FDDI　：　Fiber Distributed Data Interface
FFOL　：　Fiber Distributed Interface Follow On LAN

図5.5　OSI 参照モデルと IEEE 802 規約

の関係者（機関）に投票形式で標準規約とするかどうかの賛否を問い，順次決定している．

これらの規約のうち実際よく用いられているのは，バス形ネットワークにおける802.3規約（CSMA/CD方式），およびリング（ループ）形ネットワークにおける802.5規約であるトークンパッシングリング（token passing ring）方式である．

CSMA/CD方式はXerox，Intel，DEC社が共同提案したイーサネットを基本にしており，これまでの実績と比較的手軽にネットワークを構成できることからよく用いられてきた．しかし，この方式ではデータ発信頻度が高い局が多くつながると，バス上で信号が競合し，ネットワークが飽和状態になるなどの問題があるため，現在ではスイッチングハブ用いたファーストイーサネットやギガビットイーサネットによる全二重通信が主流となっている．

一方，リング形ネットワークを対象にしたトークンパッシングリング方式は1つの局が故障するとネットワーク全体がシステムダウンを起こす危険性があるが，CSMA/CD方式に比べて，局の数が多くなっても一定時間後にはデータ転送が見込める利点がある．そこでシステムダウンに対してはネットワークを二重構造にし，FDDI方式のように伝送線路として光ファイバケーブルを使用するなどして高速・高信頼のデータ通信ネットワークを構築できるため，CSMA/CD方式に比べて規模の大きいLANでよく用いられてきた．

5.4 アクセス方式

5.4.1 アクセス制御方式

同じネットワーク上の異なるノードから同時にデータを送信したときに，そのデータ同士が伝送路上で衝突し，データが破損することがある．つまり，伝送メディア上での信号の衝突（コリジョン）が発生する．たとえば，バス形ネットワークにおける半二重通信の場合，図5.6においてAからE，DからBの送信を同時に開始してしまうと途中の伝送路上で信号が衝突してしまい，送信されたデータは壊れてしまう（ネットワーク上で，コリジョンが発生してし

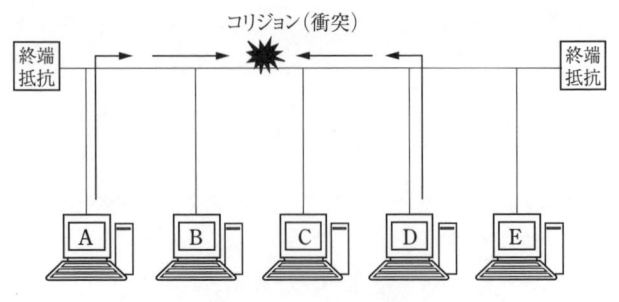

図5.6 コリジョンの発生

まう可能性のある範囲をコリジョンドメインという)．アクセス制御方式とは，伝送メディア上における信号の衝突（コリジョン）をどのように制御するか，いい換えるとアクセス制御方式は伝送媒体を流れる電気信号をどのように制御するかを規定している．アクセス制御は OSI でいうところの物理層とデータリンク層の一部である MAC 層とで実現している．アクセス制御方式の主なものには，有線方式では CSMA/CD 方式，トークンパッシング方式があり，無線方式では CSMA/CA 方式が最も普及している．

5.4.2 CSMA/CD 方式

CSMA/CD 方式は carrier sense multiple access with collision detection の略で，10 BASE-T や 100 BASE-TX における半二重通信において一般的に用いられている方式である．IEEE 802.3 の CSMA/CD 方式はイーサネットを基本にしているため，イーサネットにおける CSMA/CD 方式とほぼ同じ規約になっているが，IEEE 802.3 規約ではデータリンク層に相当する部分を他の IEEE の規約と共通性をもたせるため，イーサネットとは少し異なった規約になっている．

CSMA/CD 方式で用いられる言葉の意味は，まずキャリア検知（carrier sense）はデータ送信側の端末が送信前に他の端末からの搬送波がすでにあるかどうかの検知を行うことを意味し，多重アクセス（multiple access）は伝送路を複数の端末で共有してアクセスすることを示し，さらに衝突検出（collision detection）は伝送メディア上に信号を送信した場合に送出した信号と検

知した信号が一致しないときに衝突を検知することを示している．CSMA/CD方式では，信号の衝突を検出した場合に送信を中止し，ランダム時間待ってから再送する．この処理をバックオフといい，ランダムな待ち時間のことをバックオフ時間という．

また，IEEE 802.3のCSMA/CD方式は次のように分けて規定されている．
 1) 物理層
 2) データリンク層
    ⓐ MAC (media access control) 層
    ⓑ LLC (logical link control) 層

物理層はDTEから（DCEに相当する）メディア接続ユニット（MAU, media attachment unit），さらにはバス形ネットワークの構成について規定し，データリンク層はMAC層で主にデータリンクの確立手順，LLC層でデータ交換手順に相当する部分を規定している．

(a) CSMA/CDの物理層

CSMA/CDの物理層は図5.7に示す構成において次の2点について標準規格を示している．
 1) DTE（データ端末装置）とメディア接続ユニットとのインタフェース
 2) 通信網の構成

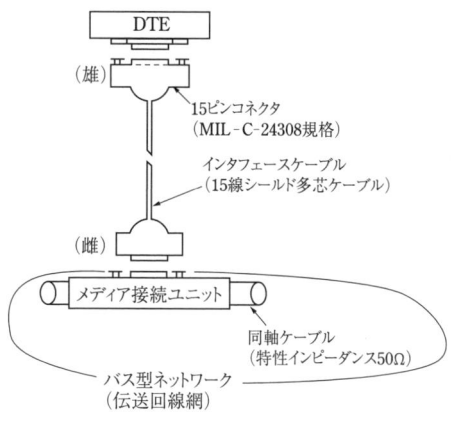

図5.7 CSMA/CD (10 BASE 5) 方式の構成

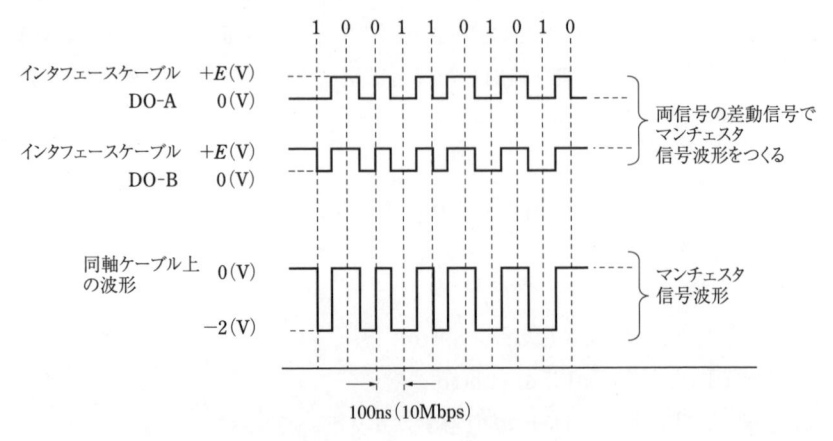

図 5.8 CSMA/CD 方式の信号波形

ここでは，10 BASE 5 の仕様を例にして説明する．まず 1) の DTE からメディア接続ユニット (MAU) までは図 5.7 に示すとおりで，DTE とメディア接続ユニットを結ぶ AUI (attachment unit interface) ケーブルは 15 ピンコネクタ (MIL-C-24308 規格) で接続され，各ピン上の信号の性質を規定する論理的条件は表 5.2 のように規定している．実際には，DTE から図 5.8 の DO-A, DO-B のような信号がインタフェースケーブル上に現れ，この差分信号をもとに，メディア接続ユニットは同軸ケーブルの上にマンチェスタコーディング信号（ベースバンド信号のダイパルス信号の一種）を送り出す．100 BASE-TX の場合，符号化方式として MLT-3 という信号方式が用いられている．これは，マンチェスタ符号化の場合の波形は，短い時間間隔に信号レベルの変化が多発し，高周波信号成分が増えるため，ケーブルから電磁波が発生し，周辺機器にノイズを与え誤動

表 5.2 物理層の論理的条件

ピン番号	回路	信号の性質
3	DO-A	データ出力回路 A
10	DO-B	データ出力回路 B
11	DO-S	データ出力回路シールド
5	DI-A	データ入力回路 A
12	DI-B	データ入力回路 B
4	DI-S	データ入力回路シールド
7	CO-A	制御出力回路 A
15	CO-B	制御出力回路 B
8	CO-S	制御出力回路シールド
2	CI-A	制御入力回路 A
9	CI-B	制御入力回路 B
1	CI-S	制御入力回路シールド
6	VC	電圧 common
13	VP	正電圧 (12 V)
14	VS	電圧シールド
シェル	PG	保安接地

作が起こり，伝送距離が短くなるためである．

　データ転送速度はイーサネットとの互換性を考え，10 Mbps までの信号を保証することになっている．このような通信網を構成し，任意の DTE 局間で 10^{-8} のビット誤り率を保障する必要がある．また，2) の通信網については，5.2.1 a) で述べたとおりである．

　一方，スター形の CSMA/CD の規約では図 5.2 のツイストペア線，図 5.4 の光ファイバケーブルを用いる方式がある．網形態はバス形のように 1 本の同軸ケーブルに適当な間隔をおいて MAU を接続するのとは異なり，図 5.9 のようにハブと呼ばれる集線装置からツイストペア線，または光ファイバケーブルをスター形で配線し，各 DTE に接続する．スター形の網形態であるが，データリンク制御には CSMA/CD 方式を用いる．

　図 5.9 は 10 BASE-T の LAN の構成例を示している．この例ではハブは 2 つ接続されており，HUB は 10 BASE 5 と接続されている場合であるが，ハブのみでもネットワークは構成することが可能である．ハブを用いるネットワークでは DTE-DTE 間で最大 4 つのハブを越えて通信することはできないが，これ以下の構成であれば自由に通信できることになっている．この例では，10 BASE-T の形式であるので，2 対 4 線のツイストペアケーブルを用いて接続しているが，ハブに光ファイバケーブル用のポートを設けてハブ間，またはハブと DTE 間を光ファイバケーブルで接続することも可能である．

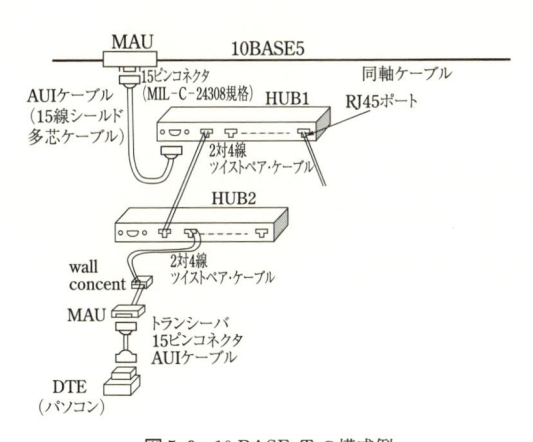

図 5.9 10 BASE-T の構成例

表5.3 主なIEEE 802.3規約

規格名	信号伝送型式	データ速度	網形態	ケグメント長 HUB-末端間	伝送線
10 BASE 5	ベースバンド	10 Mbps	バス形	500 m	同軸ケーブル(50 Ω) 外径10 mm
10 BASE 2	ベースバンド	10 Mbps	バス形	185 m	同軸ケーブル(50 Ω) 外径5 mm
10 BROAD 36	帯域伝送	10 Mbps	バス形	3600 m	同軸ケーブル(75 Ω)
1 BASE 5	ベースバンド	1 Mbps	スター形	500 m	ツイストペア・ケーブル 150 Ω(STP), 100 Ω(UTP)
10 BASE-T	ベースバンド	10 Mbps	スター形	100 m	ツイストペア・ケーブル 150 Ω(STP), 100 Ω(UTP)
100 BASE-TX	ベースバンド	100 Mbps	スター形	100 m	ツイストペア・ケーブル 100 Ω(UTP)
1000 BASE-T	ベースバンド	1000 Mbps	スター形	100 m	ツイストペア・ケーブル 100 Ω(UTP)

IEEE 802.3規約は他にも表5.3に示すように数多くの仕様がある．

(b) MAC手順

データリンクを確立する方法はMAC（media access control）層の手順に従う．バス形ネットワークであるので，2つ以上の局から同時発信の調整が必要になるが，もちろんこの調整方法はCSMA/CD方式の手順を決めているのでこれについて説明する．もっともMAC層の手順はCSMA/CD方式だけを取り扱っているわけではなく，図5.5に示した多くの方式について規定されている．ここではそのうちCSMA/CDの手順の部分が適用されることになる．

MAC層で取り決めているのは次にあげるものが主なものである．

 1) フレームの構成
 2) CSMA/CDアクセス方法
  ⓐ 回線状態監視過程
  ⓑ データ送信過程
  ⓒ データ受信過程

1)のフレームの構成は，2)のⓑで説明することにして，2)のCSMA/CDアクセス方法から説明することにする．

5.4 アクセス方式

まず ⓐ の回線状態監視過程は回線上での信号の競合を避けるため，他の局が信号を発信しているかどうかを監視するための操作で，この操作により発信可能状態か否かを判定することができる．ⓑ は実際にデータを送信するときに要する操作で，伝送したいデータのほか，付加的なデータを加えてフレームを構成するとか，伝送途中に衝突が発生するかどうかの監視を行う過程である．最後の ⓒ のデータ受信の主な操作は，自局宛てのデータかどうかの選択とデータの取り込み，衝突によるデータの破壊がないかどうかの確認などである．

それではこれら3つの過程を詳しく調べる．なお IEEE 802.3 規約では具体的な数値を規定していない部分があるので，一部イーサネットで用いられる値を用いており，またデータ伝送速度は 10 Mbps としている．

(1) 回線状態監視過程

図 5.10 は回線状態監視過程の操作をフローチャートで表したものである．まず ① で回線上に他の局から信号が発信されているかどうかを調べる．メディア接続ユニットは図 5.8 のような信号を同軸ケーブル上に送り出すので，直流バイアス成分または交流信号成分をもとに（現れてから $0.2\,\mu s$ つまり，2 ビット時間以内に物理層が）検出出力を出すことになっている．① の状態で信号（キャリヤ）が現れていると，② で直ちに回線状態変数を busy とし，データ送信過程において送信可能かどうかを調べるときに備える．③ では再度回線上に信号があるかどうかを監視し，他の局は信号を発信しなくなると ④ に進む．④ では他の局が発信し終わってから，$9.6\,\mu s$（96 ビット時間）待つ．

これは他局が信号を送り終わった後，すぐに自局から信号を発信すると，フレームの切れ目がわからなくなるので，フレームの分離を確認しやすくするために設けている．そして ⑤ で初めて回線状態変数を ready にし，送信可能状態であることを確認する．⑥ では自局で待機中の送信データがあれば待ち，なければ

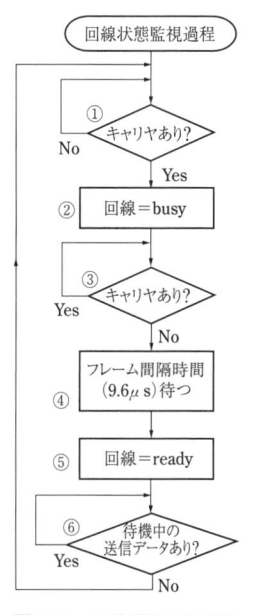

図 5.10 回線状態監視過程

ば①に戻る．この過程を繰り返し行い，常時回線状態を監視している．そして，送信可能ならば必ず回線状態変数にreadyが入るようにしている．

(2) データ送信過程

先に述べた回線状態監視過程は常時動作しているので，この回線状態変数の値をもとに送信するかどうかを決める．データ送信過程は図5.11で与えられるフローチャートで実行される．①ではデータ送信要求が起こったとき，まずフレームを組み立てる．フレームは図5.12に示すように次のものからなる．

1) プリアンブル（7オクテット）
2) フレーム開始デリミタ（1オクテット）
3) データフレーム
   ⓐ 送信先アドレス（6オクテット）
   ⓑ 発信元アドレス（6オクテット）
   ⓒ 長さ情報（2オクテット）
   ⓓ LLCデータ（46〜1500オクテット）
   ⓔ フレームチェックシーケンス（4オクテット）
4) フレーム間ギャップ（12オクテット分）

前に述べたように，バイトは文字とか機能コードを表す8ビットを意味するのに対して，オクテット（octet）は単に8ビットの数量を表すのに用いられる．

1) のプリアンブルデータは送信を始める局の駆動回路が安定した信号を送出するまでに数ビット時間かかるので，定常状態になるまでプリアンブル（pre-amble）信号を送る．この信号は

10101010 10101010 10101010 10101010
10101010 10101010 10101010

の形である．この56ビットの信号は先に

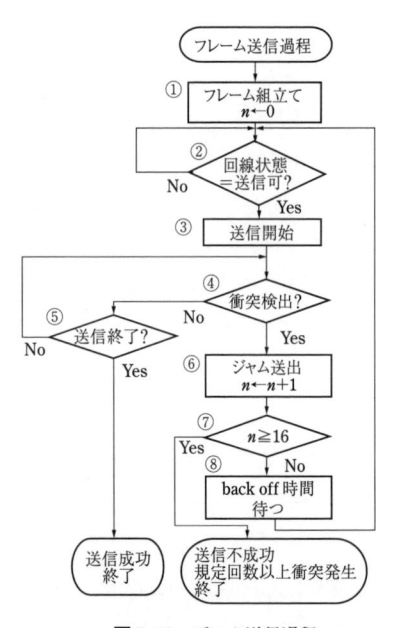

図5.11 データ送信過程

5.4 アクセス方式

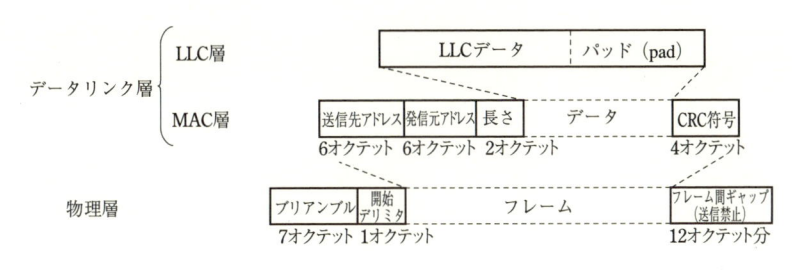

(a) フレームの構成

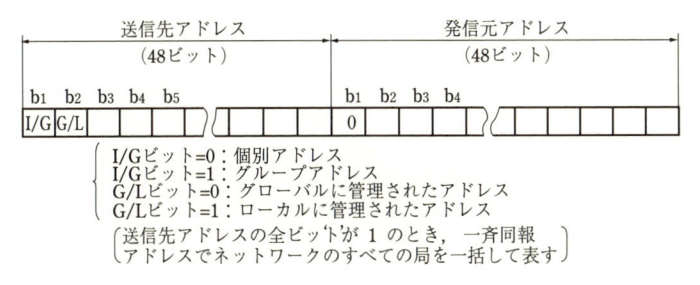

データリンク層
- LLC層: LLCデータ | パッド (pad)
- MAC層: 送信先アドレス (6オクテット) | 発信元アドレス (6オクテット) | 長さ (2オクテット) | データ | CRC符号 (4オクテット)

物理層: プリアンブル (7オクテット) | 開始デリミタ (1オクテット) | フレーム | フレーム間ギャップ (送信禁止) (12オクテット分)

(b) アドレス部の構成

送信先アドレス (48ビット): b1 b2 b3 b4 b5 … I/G G/L …
発信元アドレス (48ビット): b1 b2 b3 b4 … 0 …

- I/Gビット=0：個別アドレス
- I/Gビット=1：グループアドレス
- G/Lビット=0：グローバルに管理されたアドレス
- G/Lビット=1：ローカルに管理されたアドレス

（送信先アドレスの全ビットが 1 のとき，一斉同報アドレスでネットワークのすべての局を一括して表す）

図 5.12 MAC 層によるフレームの構成

述べた回路の安定化を図ることを目的とするとともに，受信側での信号の同期検出をも図ることを目的としており，'10' のビットパターンの繰り返しの形になっている．

プリアンブル信号に続いて 10101011 のフレーム開始デリミタが送り出され，さらにデータフレームが送り出される．まずデータフレームには，相手局アドレス（局名）のアドレスを 6 オクテットで表す．続く 2 オクテットの長さ情報は LLC データのオクテット数を表す．

3) の ⓓ の LLC は次項で述べる LLC データで，局内アドレス表示部（2 オクテット），制御部データ（1 オクテット）および情報メッセージ部からなるデータで，その長さは 46〜1500 オクテットの範囲内の長さにしなければならない．もし 1500 オクテットより少ない場合は後で述べるパッドデータを付け加え，全体で 46 オクテットにする必要がある．

最後に ⓔ のフレームチェックシーケンスは誤り検出用の符号で 4 オクテットの CRC 符号で，その生成多項式は $G(x) = x^{32} + x^{26} + x^{23} + x^{22} + x^{16} + x^{12}$

$+x^{11}+x^{10}+x^8+x^7+x^5+x^4+x^2+x+1$ である．誤り検査範囲は送信先アドレス，発信元アドレス，長さ，LLC データ，パッド（もしあれば）であり，フレームチェックシーケンス自体は検査の対象には含まれない．

4) のフレーム間ギャップは他のデータユニットとの分離を確実にするためのもので，何も信号を送り出さない時間区間であり，その時間幅は 12 オクテット分（つまり $9.6\,\mu\mathrm{s}$）と決められている．これらを合わせたものが 1 つのフレームになり，送り出されることになる．

図 5.11 の話に戻って，③ で上に述べたフレームを送り出し始める．その後すぐに ④ で，他の局の送出信号と衝突が起きていないかの検査を始め，自局から送信している間，④，⑤ のループで繰り返し検査を続ける．衝突の検出方法については特に規定していないが，自局からの送出信号と同軸ケーブル上の信号を比較し，異なっていないかどうかを調べればよい．フレームを送出中に他局からの送出がなければ，⑤ を経由して送信が成功したとして終了する．

一方，送出中，衝突が起これば，その時点ですぐに信号の送出を中止するのではなく，⑥ で一定時間信号を送り続ける．これは物理層が衝突を検出してから，32 ビット時間，つまり $3.2\,\mu\mathrm{s}$（規定では 48 ビット以下）としている．なお，この 32 ビット長は特に決められていないので 48 ビット以下であれば任意に選んでよい．このビットシーケンスをジャム（jam）と呼び，日本語では衝突状態強化と訳されている．つまり，衝突したことを自局は検出したが，衝突したことをすべての局が確認せねばならないために，衝突状態を持続させることを目的としている．そして変数 n に衝突回数を入れておき，⑦ で，衝突が 16 回以上起こったかどうか判断する．もし，16 回の衝突が起こっていないときには再度送信を試みるべく，バックオフ時間を算出する．

⑧ のバックオフ時間の算出は 5.4 節の CSMA/CD で述べたように，n 回目の送出で衝突が起こったとき，次に送出を試みるときの待ち時間 t_n は 0 から B_n の範囲の一様乱数により決める．ただし，B_n は $B_n = d \cdot 2^k$ とし，d はスロットタイムで $51.2\,\mu\mathrm{s}$（512 ビット時間）とする．スロットタイムは物理層で決められた値で，物理的に最も離れた 2 つの局の間で信号が往復するときの遅延見込み時間である．また $k = \mathrm{Min}(n, 10)$ であり，n が 10 までは $k = n$ であり，10 以上では $k = 10$ とする．つまり送信待ち時間を t_n として，再び ②

5.4 アクセス方式

に戻る．②では回線状態監視過程の結果を見て再度送信を試みる．衝突が続いて起これば②～④，⑥～⑧のループを繰り返すことにより，目的を達する．一般的にいえば特別に回線が混雑していない限り，16回も試行すれば送信は成功する．もし，16回も試行して不成功の場合は，いずれかの局の回路的なトラブルか，特別に発信要求が高いことに原因があるとして，送信不成功として終了する．

(3) データ受信過程

一方，受信する側の操作を調べると，すべての局は常時受信動作を行っており，自局宛てのデータかどうかを調べる．データ受信過程は図5.13に示す操作手順となる．

まず①でフレームが回線上に現れると直ちに受信し始め，②でこのフレームが終わるまで受信を続けるとともにフレームを順次記憶する．そして③でフレームの長さが64オクテットより大きいかどうかを調べ，正しければ④でアドレスが自局宛てになっているかどうかを調べる．自局宛てであれば⑤で誤り検査符号を用いて，ビット誤りがないかどうかを調べ，もしあれば⑦で

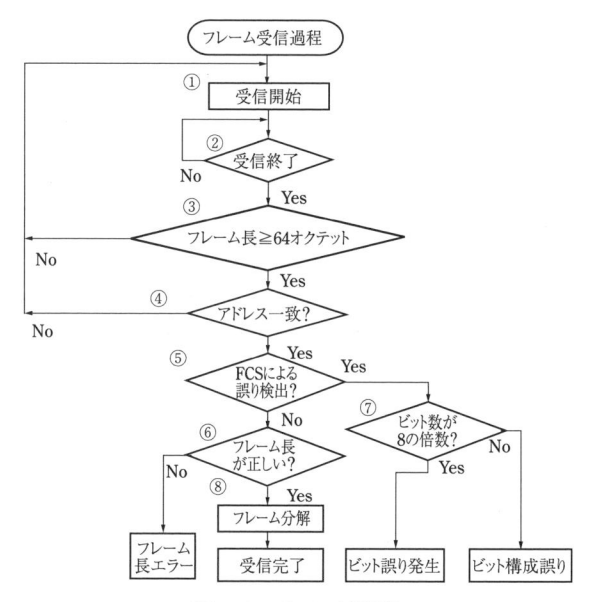

図5.13 データ受信過程

ビット構成が8の倍数（オクテット単位）かどうかを調べて，誤りの種類を明らかにする．

一方，正しければ⑥でフレームの長さが正しい（LLCデータが1500オクテット以上でないかなどの検査）かどうかを調べ，正しければ⑧でフレームを分解してLLCデータをLLC層に送る．誤りがあったときにはこの旨をLLC層に通知する．

(c) データ伝送制御手順

MAC層は図5.14のように，ある局（A局）から，他の局（B局）までフレームを届けるまでを保障しているが，B局が動作中であるかどうか，正しく受け取ったかどうか，さらに誤って受け取ったときの再送手順までを保障しているわけではない．したがって，データを正しく送受するには受信確認応答，誤り制御手順などが必要になる．この手順を提供するのがLLC（logical link control）層の機能である．

つまり，LANでは分散制御が基本になるが，このときデータ送信権を得る手順をはっきりとさせる必要があるため，特にMAC層を設けている．IEEE 802.2で規定しているLLC層の手順の具体的なイメージはベーシック手順とかHDLC手順と同様なものであり，実際，HDLC手順の一部（subset）を用いて2つのクラスを規定している．

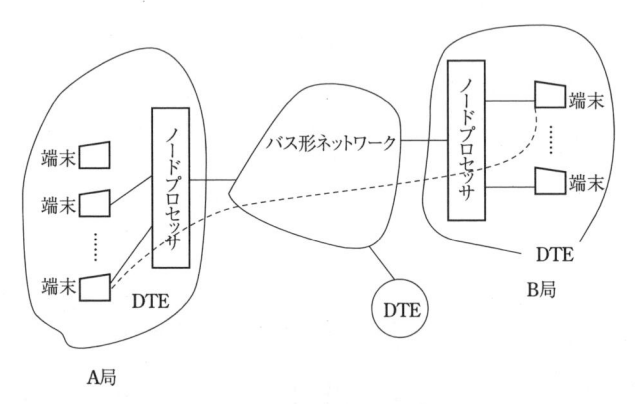

図5.14 通信システムの構成

(1) コマンドとレスポンス

図5.14でA局からB局へデータが誤りなく届いたとすると，B局では図5.12の一番上のLLCデータとパッド部分のデータ構成である．この部分は46～1500オクテット長と規定されており，この中に図5.15のようにアドレス部（2オクテット），制御部（1オクテット），および情報メッセージ部を表す．ただし，アドレス部，制御部，情報メッセージ部の合計が46オクテットに満たない場合のみ，パッド（pad）と呼ばれる適当なビット列（ビット内容は規定されていない）を挿入して全体で46オクテットになるようにする．

アドレス部は図5.15 (b) のようにDSAP (destination services access point) アドレス，SSAP (source service access point) アドレスの2つからなり，DSAPアドレスは図5.14のようにA局の中のDTEに多くのプロセス（端末など）がある場合，このプロセスレベルを指定するためのものである．同様に，SSAPもB局のプロセスレベルを指定するためのものである．なお，SSAPアドレスのb_1ビットは表5.4に示すLLC層の規約のコマンド/レスポンスを表す．

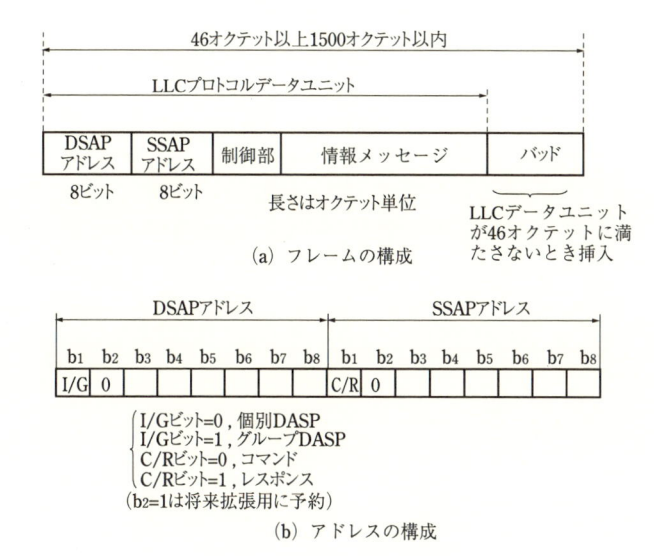

(a) フレームの構成

(b) アドレスの構成

I/Gビット=0，個別DASP
I/Gビット=1，グループDASP
C/Rビット=0，コマンド
C/Rビット=1，レスポンス
(b_2=1は将来拡張用に予約)

図5.15　LLC部のデータ構成

表5.4 LLC層のコマンド/レスポンスと運用タイプ

(a) LLC層のコマンド/レスポンス

型式	コマンド	レスポンス	名称	制御部ビット構成							
				b_1	b_2	b_3	b_4	b_5	b_6	b_7	b_8
情報型式	I	I	information	0	\multicolumn{3}{c}{N(S)}			P/F	\multicolumn{3}{c}{N(R)}		
監視型式 コマンド/レスポンス	RR	RR	receive ready	1	0	0	0	P/F	N(R)		
	RNR	RNR	receive not ready	1	0	1	0	P/F	N(R)		
	REJ	REJ	reject	1	0	0	1	P/F	N(R)		
非番号制形式 コマンド/レスポンス	UI		unnumbered information	1	1	0	0	P	0	0	0
	DISC		disconnect	1	1	0	0	P	0	1	0
	SABM		set asynchronous balanced mode	1	1	1	1	P	1	0	0
	XID	XID	exchange identification	1	1	1	1	P/F	1	0	1
	TEST	TEST	test	1	1	0	0	P/F	1	1	1
		UA	unnumbered acknowledgement	1	1	0	0	F	1	1	0
		DM	disconnect mode	1	1	1	1	F	0	0	0
		FRMR	frame reject	1	1	1	0	F	0	0	1

(b) 手順クラスと運用タイプ

手順クラス＼タイプ	運用タイプ(1)	運用タイプ(2)
クラスI	○	
クラスII	○	○

(2) 手順クラス

制御部はHDLC手順のコマンドおよびレスポンスに相当する伝送制御用のデータを表す部分であり，このコマンド/レスポンスとして表5.4(a)を規定している．これらのコマンド/レスポンスはTESTコマンド/レスポンスを除いてHDLCとまったく同一であるので説明を省略する．ただTESTコマンドは伝送路の基本的な試験を行うために使用し，このコマンドを受け取った相手局はできる限り早い時期にTESTレスポンスを送り返す必要がある．

LLCの規約では以下のコマンド/レスポンスを用いて次の2つの手順クラスを定義している．

 1) クラス1 LLC
   コマンド------------UI, XID, TEST
   レスポンス----------XID, TEST

2) クラス2 LLC

　実際にデータを交換するとき，これらのクラスの使用法として表5.4 (b)のように2つの運用タイプ（type of operation）を定義し，ネットワークの使用に先立って，どのタイプで運用するかを決めておく．これはXIDコマンド/レスポンスでクラス1を用いるかクラス2を用いるかを2つの局の間で指定・確認することになっている．

　クラス1の実際のデータの送受は非番号制なので送信順序番号，受信順序番号による順序制御は行わず，唯一P/Fビットで確認を行うことになる．一方，クラス2は順序制御を行うのでHDLC手順と同様，より正確なデータの交換が可能になる．

5.4.3　トークンパッシング方式

　CSMA/CD方式の他に，LANの方式としてよく知られているトークンパッシング（token passing）方式があり，トークンパッシングリング（taken passing ring）方式とトークンパッシングバス（token passing bus）方式がある．トークンパッシングバス方式は，IEEE 802.4として規格化されたが，現在ではほとんど用いられていないため，ここではトークンパッシングリング方式について解説する．トークンパッシングリング方式に基づいた規約としてよく知られているものにIEEE 802.5規約とFDDI (Fiber Distributed Interface) 規約がある．

　トークンパッシングリング方式の基本はIEEE 802.5規約の優先トークン予約方式である．この方式は信号の伝送速度が4 Mbpsと低速であるので，高速化を図るためのアーリートークンリリース方式が提案され，この方式では16 Mbpsの伝送速度に向上させている．

　IEEE 802.5規約は伝送線としてツイストペア線を用いるのに対して，FDDI規約は光ファイバケーブルを用いるとともに，アペンドトークン（append token）方式と呼ばれるデータ創出方法を用いて，100 Mbpsの伝送速度を実現している．

　FDDI規約はIEEEとは別に表5.5に示すように，ANSI (American National Standard Institute, アメリカ規格協会) のX3 (情報技術分野) の

表5.5 リング方式の物理層

	トークンリング(IEEE 802.5)	FDDI-I(ANSI X 3 T 3.5)
伝送速度	4 Mbps(優先トークン予約方式) 16 Mbps(アーリートークンリリース方式)	100 Mbps(アペンドトークン方式)
伝送信号	差分マンチェスタ符号 (ベースバンド)	複数 NRZ 符号(FDDI) MLT-3 符号(ツイストペア-FDDI) (ベースバンド)
伝送線	シールなしツイストペアケーブル(UTP) シールド付ツイストペアケーブル(STP)	光ファイバケーブル ツイストペアケーブル
伝送距離	1000 m	200 km
ノード間距離	375 m	2 km(ただし減変量－11 bB 以下)
ノード間距離	スター形リング	二重リング
最大ノード数	260(STP) 132(UTP)	100(障害時 500)

規約で FDDI-I/II (ANSI X 3 T 9.5) の規約が規定されている．FDDI-II 方式は FDDI-I がパケット形式のデータ交換方式であるのに対して，音声，動画像のような時間的に連続なデータを取り扱えるように拡張した方式である．

(a) トークンパッシングリング方式の物理層

トークンパッシングリング方式の物理層の規約を表5.5に示している．伝送線として IEEE 802.5 規約では STP (shielded twisted pair cable) を用い，FDDI 規約では光ファイバケーブルを使用する．

ネットワーク形状は基本的にリング形であるが，IEEE 802.5 規約では図5.16のスター形リング形式で用い，DTE(ノード計算機)間の距離は最大375 m，リング前兆は最大1 km である．一方，FDDI 規約では信頼性を考慮

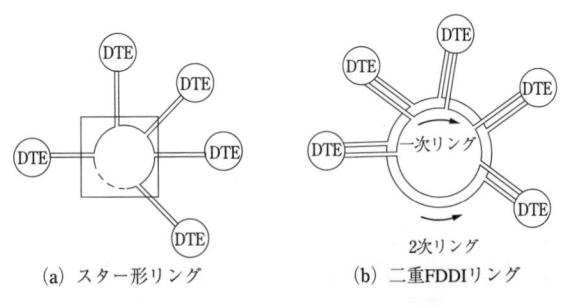

(a) スター形リング　　　(b) 二重FDDIリング

図5.16 トークンパッシングリングのトポロジ

し，二重リング形式の構成でDTE間の距離は2km，リング前兆は200kmとかなり大規模なLANの構成である．

(b) トークンによる伝送制御

トークンパッシングリングの伝送制御方式としてIEEE 802.5規約で用いられる次の2つの方式（1）優先トークン予約方式（2）アーリートークンリリース（early token release）方式と，FDDI規約で用いられる（3）アペンドトークン（append token）方式の3つがある．

(1) 優先トークン予約方式

まず最も基本的な優先トークン予約方式を説明し，他の方式は優先トークン予約方式との違いについて述べることにする．

優先トークン予約方式のトークンパッシングリング方式は図5.17のリング形のネットワーク構成である．ネットワークの中は，必ず1つの方向にデータが転送され（図では時計回り方向），各局は流れの上の方向の局からデータを受け取り，下の方向の局にデータを送り出す形式である．

いま，すべての局の間でデータ交換がないときには，トークン（token）と

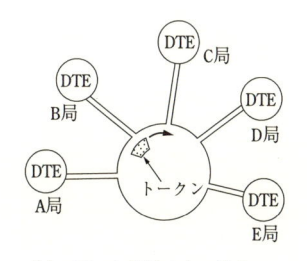

(a) データ転送のない場合

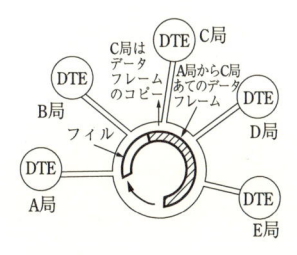

(b) A局からC局あてのデータ転送

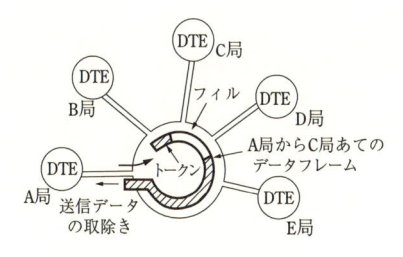

(c) データ転送の取除き

図 5.17　優先トークン予約方式

呼ばれるデータユニットがリングの中を回っている．つまりトークンを受け取った局が隣りの局へ再生中継している．ある局（たとえばA局）が相手局（C局）にデータを転送したいとすると，トークンがA局に到着するのを待つ．到着するとA局はトークンを取り込み，転送したいデータをフレームの形でリング上に送り出す．もちろんフレームはパケット形式のデータ構成で，送信先アドレス，発信元アドレス，制御ビット，転送メッセージデータ，検査符号の形の1つのユニットになっている．フレームは図5.17 (b) のようにA局からB局，B局からC局へと順次中継されていくが，C局に到着すると，C局は送信先アドレスから自局宛てのフレームと判断して，このフレームをコピーするとともに，コピーしたことを制御ビットの中に表しておく．さらにC局はこのフレームをD局へと中継する．そしてこのフレームが一巡してA局に戻ってきたとき，C局がコピーしたことを確かめてA局はフレームを消去するとともに，B局へは新たなトークンを送り出す．するとトークンがまたリングの中を回る形となり，転送したいデータをもっている局がトークン到着時にデータを送り出す．これが優先トークン予約方式におけるデータ交換の原理である．

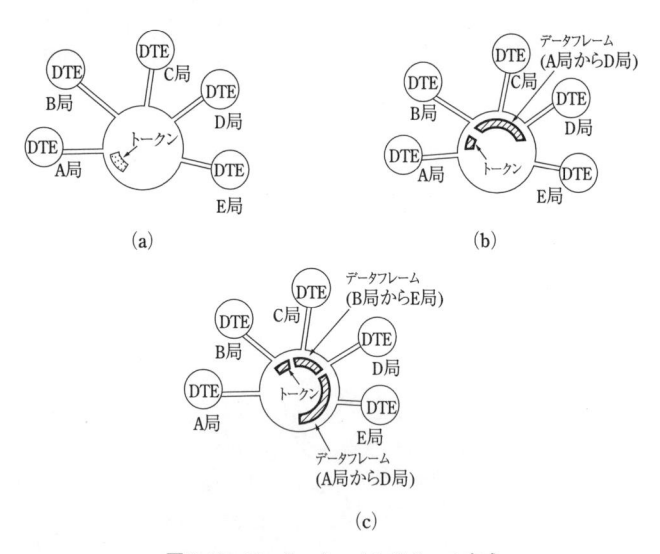

図5.18 アーリートークンリリース方式

(2) アーリートークンリリース方式

優先トークン予約方式はデータフレームが1周する間，リング上にトークンが現れないため，すべてのDTEはデータを送出することができず，無駄時間が多くなる．そこでデータフレームが一周するのを待たずトークンを送り出す方式としてIBMは複数のデータフレームがリング上に現れることを許すアーリートークンリリース方式を提案し，伝送速度を優先トークン予約方式の4 Mbpsから16 Mbpsへ高めた高速通信を実現した．この方式は図5.18に示す例のようにA局からD局へデータフレームを送り出した後，トークンを得たB局（B局に送出したいデータがあるとき）はリング上に2番目のデータフレームを送り出す．その結果，複数のデータフレームがリング上を回り，伝送効率を向上させている．

(3) アペンドトークン方式

FDDI規約のように最大リング長が200 kmにもなり，DTEの数が多くなると優先トークン予約方式の場合，トークンが1周するのに時間がかかってしまう．そこで，アーリートークンリリース方式と同様にデータフレームが複数個リング上に現れることを許す方式として，FDDI規約ではアペンドトークン

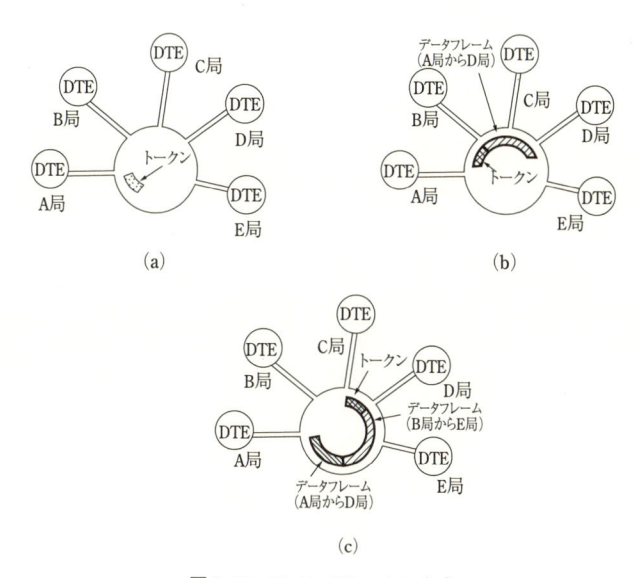

図5.19 アペンドトークン方式

方式を採用している．これは図5.19に示すように，発信したいデータを有する局はトークンを得るとデータフレームを送り出すとともにデータフレームに続いてトークンを付加して送り出す．次に，他の局が送り出したいデータをもっていると，データフレームが到着すると，このフレームの後に送りたいデータのデータフレームを付加し，最後にトークンをつけて送り出す．このようにトークンが付加されたデータフレームが順次DTEを回っていくと，送出したい局はトークンが付加されているフレームが到着した段階で送出したいデータをデータフレームの形で表し，一連のデータフレームのすぐ後に挿入することにより，データを送り出していく．このようにデータフレームの後にトークンを付加（append）し，複数のデータフレームをつなぎ合わせた大きなデータフレームをリング上に送り出すことにより伝送効率を向上させる方法をアペンドトークン方式と呼ぶ．

　それでは，優先トークン予約方式を例に，もう少し詳しくトークンまたデータフレームの構成を調べる．

(c) データユニットの構成

(1) トークン

データリンク層のMAC（media access control）層が規定しているトークンの構成は図5.20に示すもので，各1オクテットの開始デリミタ（starting delimiter），アクセス制御（access control）および終了デリミタ（ending delimiter）からなる．

　アクセスコントロール（AC）および，終了デリミタ（ED）部はフレームの構成と深く関係するので，後で詳しく説明することにして，開始デリミタ（SD）について述べる．SDはデータユニット（protocol data unit，トークンまたはフレームを表す）の始まりを表す部分で，ビット構成は図5.20に示す形である．J, Kビットはnon-dataのビットで，この部分はリング上では同図の最下段に示される波形で表される．通常リング上では'0'または'1'は差分マンチェスタコードと呼ばれるベースバンド信号で表される．差分信号であるので，データ'0'のときには信号の開始位置で値が変化し'1'のときには変化しない，さらにマンチェスタコードであるので，必ず1つの信号の中間点で値が変化する．しかしnon-dataであるJ, K部の信号はバイオレーションコード

5.4 アクセス方式

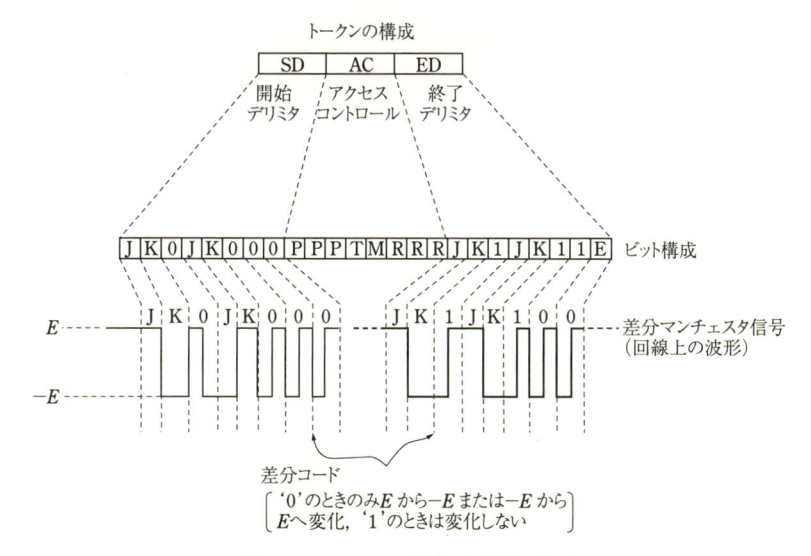

図5.20 トークンの構成と回線状の波形

と呼ばれ，信号の中間点では値が変化しない．バイオレーションコードは必ずJ, K が 1 対の形で現れ，両者は互いに反対極性の信号として，直流成分が生じないようになっている．

(2) フレーム

フレームのデータ構成は図5.21 に示す形で，全部で9つの部分からなる．

① 開始デリミタ（SD, starting delimiter）

トークンの項で述べたものとまったく同一であり，データユニット（トークンまたはフレーム）の始まりを表すために用いる．

② アクセス制御（AC, access control）

リングネットワークにつながる各局がリング上にデータを送り出すとき，各局のデータの送出要求の緊急度に応じて，どの局が巡回しているトークンを先に取り込み，データを送出するかを調整する必要があるが，この制御用のデータを表す部分である．1オクテット長で各ビットは図5.22 に示す名称がつけられている．

　i) トークンビット（token bit）：データユニットがトークンの場合 '0' とし，フレームのときには '1' にして識別する．

```
|フレーム開始|                                      |フレーム終了|
|シーケンス |←── CRC符号の検査対象範囲 ──→|シーケンス |
|  (SFS)  |                                      |  (EFS)  |
```

| SD | AC | FC | DA | SA | 情報メッセージ(INFO) | FCS | ED | FS |

(a) フレームの構成

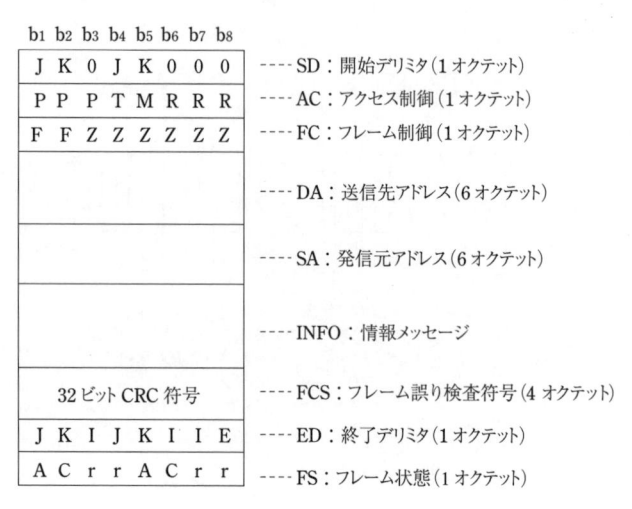

b₁ b₂ b₃ b₄ b₅ b₆ b₇ b₈

J K 0 J K 0 0 0	---- SD：開始デリミタ(1オクテット)
P P P T M R R R	---- AC：アクセス制御(1オクテット)
F F Z Z Z Z Z Z	---- FC：フレーム制御(1オクテット)
	---- DA：送信先アドレス(6オクテット)
	---- SA：発信元アドレス(6オクテット)
	---- INFO：情報メッセージ
32ビットCRC符号	---- FCS：フレーム誤り検査符号(4オクテット)
J K I J K I I E	---- ED：終了デリミタ(1オクテット)
A C r r A C r r	---- FS：フレーム状態(1オクテット)

(b) フレームのビット構成

図5.21 フレームのデータ構成

ii) モニタービット (monitor bit)：モニタ (M) ビットは誤ったビット構成，または誤っている可能性の強いトークンまたはフレームがリング上をいつまでも回り続けることを除くことを目的に設けられているものである．通常，誤りがなければ M ビットは '0' であり，各局はこの値を変化させずに再生中継している．しかしある局のDTEが誤動作して $M=1$ にするとか，リング上のビット誤りなどのため $M=1$ に変わると，このトークンまたはフレームも誤った構成のデータユニットになっている可能性が強い．すると後で述べるように優先レベルが高いトークンとか，誤ったアドレス指定になっているフレームであることが考えられるので，このデータユニットがリングの中

b₁ b₂ b₃ b₄ b₅ b₆ b₇ b₈

| P | P | P | T | M | R | R | R | ビット位置

優先レベル　　監視ビット　優先レベル予約
　　　　　トークンビット

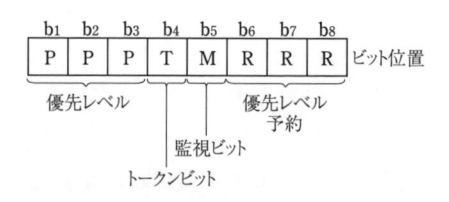

図5.22 アクセス制御部のビット構成

を回り続けることになる．そこで特定の監視局（active monitor）のみが M ビットを監視し，$M=1$ のデータユニットを取り除くことになっている．削除した後は MAC 層の手順に従って正しいトークンを生成する．

iii) 優先ビット（priority bits）・予約ビット（reservation bits）：ある局で他の局に転送したい情報メッセージができたとする．このメッセージを緊急に転送したいか（たとえば real time のレスポンスを要するデータ），または少し遅れてもよいかにより，0～7 の 8 レベルの優先度をつけておく．優先ビット・予約ビットは優先度の高い情報メッセージほど早くリング上に送出されるように制御するために用意されているものである．

③ フレーム制御（FC, frame control）

図 5.21 の FC 部に示すビット構成になっており，FF のビットが '00' のときにはすぐ後で述べるフレームの情報メッセージ（INFO）部のデータはリング全体の動作を制御する MAC 層のデータを表し，FF ビットが '01' のときには情報メッセージ（INFO）部は LLC 層のデータ，つまり CSMA/CD 方式の LLC 層の制御手順に相当するデータを表す．

④ 送信先アドレス（DA, destination address）・発信元アドレス（SA, source address）

6 オクテットでアドレス（局名）を表す．送信先アドレスはフレームを届けたい局のアドレスを表し，発信元アドレスはフレームを作成した局のアドレスを表す．いっさい同報アドレス，グループアドレスなどの表し方は CSMA/CD 方式と同様である．

⑤ フレームチェック符号（FCS, frame check sequence）

フレームのビット誤りを検出するための，誤り検査符号である．32 ビットの CRC 符号を用い，その生成多項式 $G(x)$ は CSMA/CD 方式と同一である．

⑥ 終了デリミタ（ED, ending delimiter）

図 5.21 に示すビット構成で，J,K ビットは開始デリミタと同様，non-data でバイオレーションコードである．I ビット（intermediate-frame bit）は複数のフレームを連続してリング上に送出するとき，最後のフレーム，または 1 つだけのフレームのときに，I ビットを '0'，それ以外のフレームのときには

'1'とする．一方，Eビット（error-detected bit）は通常'0'としておくが，各局が再生中継しているとき，データユニットの構成が誤っているか，FCSで誤りが検出されたときに（'1'に変化して）誤ったデータユニットであることを示す．

⑦ フレーム状態（FS, frame status）

リング上を巡回しているフレームを各局は再生中継しているが，そのとき送信先アドレス部を調べ，フレームが自局宛てであるときにはそのフレームをコピーするとともに下の局に中継する．自局宛てであることを認識したときにはAビット（address-recognized bit）を'1'にし，コピー動作を行ったときにはCビット（frame-copied bit）を'1'にする．

(d) アクセス制御方法

これまで述べたトークンまたはフレームを用いて希望する相手とデータの交換を行うが，各時点でどの局がリング上にフレームを送り出すかの制御が必要になる．この制御方法はもちろん分散制御方式で，各局がトークンとかフレームの中身を調べながら，一定の条件が満たされればデータ送出動作に入る．この動作はMAC層の規約に従うが，その基本的な部分は次の2つである．

 1) 再生中継動作
  i) フレームの再生中継
  ii) トークンの再生中継
 2) データ送出動作
  i) フレームの送出
  ii) トークンの送出

まず1)の再生中継動作は，基本的にはリング上を回っているトークンまたはフレームをそのまま隣りの局に伝える動作で，主な役割に次の3つがある．

(1) 自局宛てのフレームかどうかを調べ，自局宛てであればコピーして中継する

(2) トークンが到着したとき，もし送出したいデータがあれば送出できる条件かどうか調べる

(3) 優先レベルが必要以上に高いレベルになっているトークンのレベルを下げる

一方，2)のデータ送出動作は，再生中継動作中にフレームの送出条件が満たされたときに起動させる部分で，次のものからなる．

1. 用意したフレームの送出
2. フレームの送出が終わるとトークンの送出

(e) フレームの種類

先にフレームのビット構成を調べたが，そのときフレーム制御（frame control）部のビット構成により，情報メッセージ（INFO）部はMAC層のデータか，LLCのデータかに分かれることを述べた．この部分をもう少し詳しく調べる．

(1) LLC フレーム

フレーム制御部のFFビットが図5.23のように'01'のときには，LLC (logic link control) フレームになり，残りのビットのb_6〜b_8ビットはこのフレームの優先レベルビットと同じ値になり，b_3〜b_5は将来拡張用に予約されている．

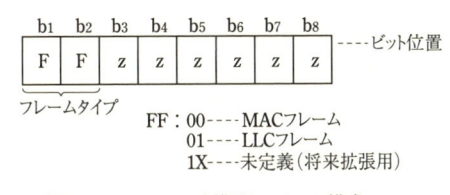

```
  b1 b2 b3 b4 b5 b6 b7 b8
  F  F  z  z  z  z  z  z   ----ビット位置
フレームタイプ
         FF : 00 ---- MACフレーム
              01 ---- LLCフレーム
              1X ---- 未定義（将来拡張用）
```

図5.23 フレーム制御部のビット構成

LLCフレームのときの情報メッセージ（INFO）部のデータ構成については特に規定していない．実際にはCSMA/CD方式のところで述べたIEEE 802.2のLLC手順を用いてデータ交換を行えばよい．

(2) MAC フレーム

一方，フレーム制御部のFFビットが'00'のときにはMAC (media access control) フレームになり，情報メッセージ（INFO）部は消失したトークンを新たに設定するとか，エラーが発生したときの復旧動作のためのデータを表すことになっている．これらは表5.6のように全部で6種類定義されており，各フレームについて情報メッセージ（INFO）部のデータ構成についても詳しく定義している．各フレームの詳細な意味は監視局（active monitor），または準監視局（standby monitor）の動作と深く関係するので，文献(4)を参照されたい．

表5.6 MACフレームの種類とフレーム制御部の構成

略称	フレーム	機能	フレーム制御部	送信先アドレス(DA)	フレームの優先レベル
CL-TK	トークン要求MACフレーム	準監視局(standby monitor)によるトークン要求	00 000011	all station	0
DAT	二重アドレステストMACフレーム	リング上に同一アドレスの局が2つ以上ないかどうかのテスト	00 000000	自局アドレス	0
AMP	監視局送出MACフレーム	監視局(standby monitor)が送出する．リングのパージング(purging)の後で用いる	00 000101	all station	Pr
SMP	準監視局送出MACフレーム	準監視局が送出する．AMP，SMPフレームを受信したときになどに用いる	00 000110	all station	0
BCN	ビーコンMACフレーム	リング上に重大な誤りが起こったときの復旧用	00 000010	all station	0
PRG	パージMACフレーム	準監視局によるトークン要求とかMビットが'1'のとき監視局が送出する	00 000100	all station	0

5.5 ファーストイーサネットとギガビットイーサネット

表5.7に示すように，1995年に100 Mbpsの伝送速度をもつファーストイーサネット，1998年に1 Gbps（1000 Mbps）の伝送速度をもつギガビットイーサネット（光ファイバケーブルを使用する1000 BASE-X），1999年にツイストペアケーブルを用いるギガビットイーサネット（1000 BASE-T）が標準

表5.7 ファーストイーサネットとギガビットイーサネット

仕様	ファーストイーサネット		ギガビットイーサネット			
	100 BASE-TX	100 BASE-FX	1000 BASE-FX			1000 BASE-T
			1000 BASE-FX	1000 BASE-LX		
規格化名称	802.3 u		802.3 z			802.3 ab
伝送媒体	UTP cat-5	MMF	MMF	SMF		UTP cat-5 e
伝送距離	100 m	2 km	550 m	5 km		100 m
符号化方式	MLT-3	NRZI	NRZ			4 D-PAM 5

5.5 ファーストイーサネットとギガビットイーサネット

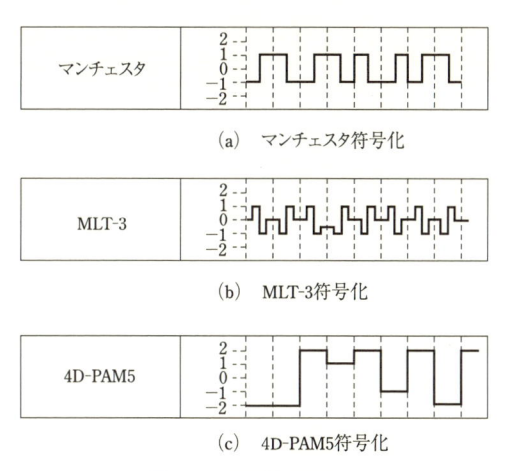

(a) マンチェスタ符号化

(b) MLT-3符号化

(c) 4D-PAM5符号化

図 5.24 伝送符号化方式

化された．

　ファーストイーサネットとギガビットイーサネットにおいては，UTP ケーブルを用いて 100 Mbps, 1 Gbps もの高速伝送を行うために，図 5.24 に示すように 10 BASE-5 とは異なる符号化方式が採用されている．

　100 BASE-TX では，MLT-3 (Multi Level Transmit-3) と呼ばれる 3 値伝送方式が使用され，高周波成分を減少させることによりノイズの影響を抑えている．

　MAC フレーム，CSMA/CD 方式などについては規格の変更は行われず 10 BASE-T と同じである．

　1000 BASE-T では，4 D-PAM 5 (4 Dimensional 5-level Pulse Amplitude Modulation) と呼ばれる 5 値伝送方式を使用し，4 対のケーブルに分けて伝送することにより，1 Gbps の伝送速度を達成している．

　また，10 BASE-T, 100 BASE-TX, 1000 BASE-T では，同じ伝送媒体で伝送速度や通信モード（半二重，全二重）が異なることから，オート・ネゴシエーションと呼ばれる自動判別機能が導入された．この機能は，リンクの確立の前に FLP (fast link pulse) と呼ばれる信号を送受信することにより，ネットワーク機器のもつ伝送速度と通信モードを自動的に選択するようになっている．

5.6 無線LAN

伝送メディアとして無線を用いるLANであり（文字どおりケーブルによる配線を使わない），伝送メディアとして電波を使用するものと，赤外線やレーザーを使用するものがある．

赤外線方式は，有線LAN（100 BASE-TX/10 BASE-T）の先に光トランシーバというメディア変換アダプタ（リピータ）を繋ぎ，光無線HUB通信する方式．赤外線方式は赤外線の直射光が届く範囲でしか使用できないため，設置場所に制限があることと，伝送距離も短いなどの短所があるが，転送速度が速い（100 Mbps～10 Mbps）ため，条件さえクリアできれば有線LANと同等の通信が可能という長所がある．

電波方式は1992年に電波法により2.4 GHz帯および19 GHz帯の技術規格が整い，各社独自の規格で製品化が行われていたが，1997年のIEEE 802.11（図5.25）の制定により現在では規格が統一されている．その後，転送速度11 Mbpsの規格であるIEEE 802.11bが1999年に制定され，転送速度の高速化に伴い普及も進み，現在では無線LANの主流となっている．また，

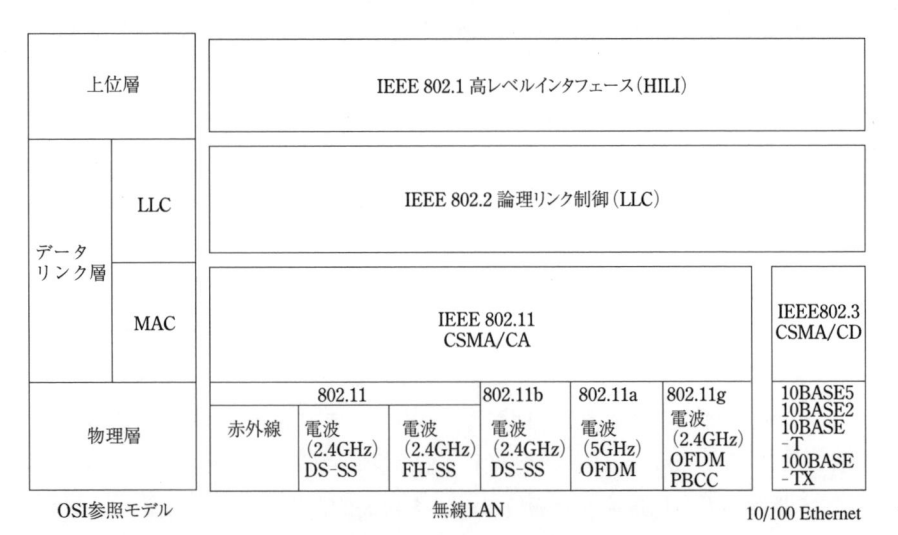

図5.25 IEEE 802.11規格

5 GHz 帯を使用した，転送速度 54 Mbps である IEEE 802.11 a が規格化されているが，機器が IEEE 802.11 b と比較して高価であるため，2.4 GHz 帯で IEEE 802.11 b とも互換性をもつ 54 Mbps の転送速度を実現する IEEE 802.11 g 規格が制定され，現在に至っている．

IEEE 802.11 は物理層と MAC 層を定義し，それ以上の層は有線 LAN と共通の規格を使用している．

5.6.1 無線 LAN の物理層

2.4 GHz 帯と 5 GHz 帯のいずれも電波免許不要な周波数帯の電波を使用しているが，2.4 GHz 帯では 4.5 節で述べた機密性の確保やノイズや干渉にも強いスペクトラム拡散変調方式（SS 方式）が採用されている．表 5.8 に主な無線 LAN の物理層の規格を示す．2.4 GHz 帯では，IEEE 802.11 には DS-SS (Direct Sequence Spread Spectrum, 直接拡散方式) と FH-SS (Frequency Hopping Spread Spectrum, 周波数ホッピング方式)，IEEE 802.11 b には DS-SS が採用されている．また，5 GHz 帯では OFDM (Orthogonal Frequency Division Multiplexing, 直交周波数分割多重変調方式) が採用されている．

表 5.8　主な無線 LAN の物理層の規格

規格	周波数	伝送方式	変復調方式	伝送速度(bps)
IEEE 802.11	2.4 GHz 帯	DS-SS	DBPSK, DQPSK	1,2 M
		FH-SS	2-GFSK, 4-GFSK	1,2 M
	赤外線	IR	16 PPM, 4 PPM	1,2 M
IEEE 802.11 b	2.4 GHz 帯	DS-SS	DBPSK, DQPSK, CCK	1,2,5.5,11 M
IEEE 802.11 a	5 GHz 帯	OFDM	BPSK, QPSK	6,9,12,18,24,36,48,54 M
IEEE 802.11 g	2.4 GHz 帯	OFDM	16 QAM, 64 QAM	6,9,12,18,24,36,48,54 M

5.6.2 無線 LAN の MAC 層

無線 LAN の MAC 層は CSMA/CA (Carrier Sense Multiple Access with Collision Avoidance, 搬送波感知多重アクセス/衝突回避) という方式であ

る．IEEE 802.3 の CSMA/CD によく似た方式であるが，無線では衝突の検出ができないため，まず送信の前に誰か送信していないかを調べ（carrier sense），さらに自分宛てのデータが送信されてきていないかを調べる（multiple access）．その結果衝突の心配がないと判断したらデータを送信する．他に通信中のノードがあった場合には送信待機（collision avoidance）となる．送信待機になって，次に再送するにはランダムに割り当てられた時間を待つことになる．またまったく同時に2つのノードが送信を始めて衝突した場合は，エラー回復ができないため，上位層レベルで再送を行う必要がある．

演習問題

5.1 本章で取り上げたもの以外の LAN で用いられている伝送メディアについて調べ，その特徴を述べよ．
5.2 CSMA/CD 方式において，単位時間当たりのトラフィックが増えるとどのようなことが起こるかを述べよ．
5.3 トークンパッシングリング方式において，考えられる問題点について述べよ．
5.4 無線 LAN を用いる際の問題点について述べよ．

6 データ交換方式

　広域の通信網における端末間の通信には，電話のような即時性が要求されるものや計算機同士の接続のような即時性よりは間欠的なデータを効率的に通信したい場合などもあり，さらには計算機同士でも大量のデータを高速に通信したい場合もある．そこで広域通信網にはさまざまな形態のデータ交換方式が用意されている．本章では広域通信網におけるさまざまな形態のデータ交換方式についてそれぞれの概要を説明する．

　広域通信網の一般的な構成は，図 6.1 のように電話や計算機などが市内交換局の市内交換機（もしくは所有者交換機）に接続され，市内交換機が中継網に接続される階層構造になっている．前者をアクセス系，後者を中継系と呼ぶことにすると，アクセス系は，市内交換機と電話などの DTE（データ端末装置）を結ぶネットワークを，中継系は市内交換機および中継交換機間を結ぶネット

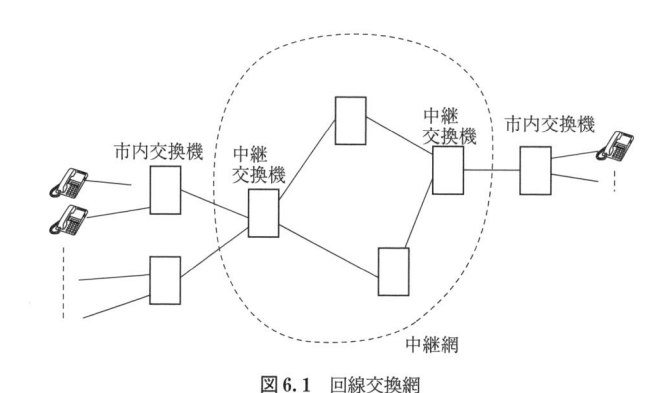

図 6.1　回線交換網

ワークを意味する．アクセス系には，電話や計算機などそれぞれ利用するサービスが異なる種々のDTEと市内交換機とを接続するために，それぞれの接続機種や利用サービスに応じた接続方法・利用方法を決めておかなければならない．これをユーザ網インタフェース（UNI：user network interface）と呼び，OSI参照モデルの第1層ないし第3層までを規定している．たとえば電話では物理的な接続（物理層）はITU-T勧告X.20，後で述べるパケット交換ではX.21などで規定している．逆にいえば，規定されたUNIさえわかっていれば，市内交換機から向こう側の中継系については中身を知らなくても通信が可能なのである．

　現在の中継系のネットワークはほとんどがデジタル化されており，アクセス系の通信がアナログであろうとデジタルであろうと，同じサービスならば中継系では区別されない．つまり，普通のアナログ電話機から市内交換機までの経路はアナログ通信であり，ISDN（統合化デジタルサービス網）電話機から市内交換機までの経路はデジタル通信であるが，中継系では同じ（デジタルの）電話回線網を利用する．さらに，中継系では，後に述べるパケット交換網，フレームリレー網，セルリレー網などもすべてが統合されたバックボーン通信網が構築される．（図6.2）

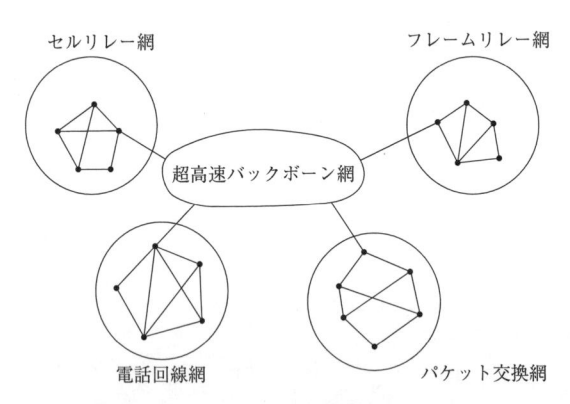

図6.2　各ネットワークと超高速バックボーン網

6.1 回線交換

電話のような音声を即時的にやり取りする通信では，発信DTEと着信DTEとの接続が時間的に連続して維持される必要がある．つまり，一度DTE同士が接続したら，利用が終了するまで接続し続けることが必要になる．このような時間的に連続して維持する接続を回線交換と呼ぶ．回線交換はSTM (synchronous transfer mode) 方式とも呼ばれ，電話による音声のやり取りだけでなく，即時性が強く要求される大容量の高速データ転送やテレビ会議システムなどにも利用されてきた．

電話回線では，自宅の電話と最寄りの市内交換機LS 1とがメタリック線（場合によっては光ファイバ）で結ばれている．この市内交換機は直接加入者（ユーザ）とつながっているので，加入者交換機（LS：local switch）と呼ばれる．

図6.3に示すように，自宅の電話aと相手bが同じA局の交換機LS 1に接続されている場合は，交換機LS 1内で接続することにより，相手と通信が可能になる．同じ市内でも別のB局にある交換機LS 2に接続されている相手c

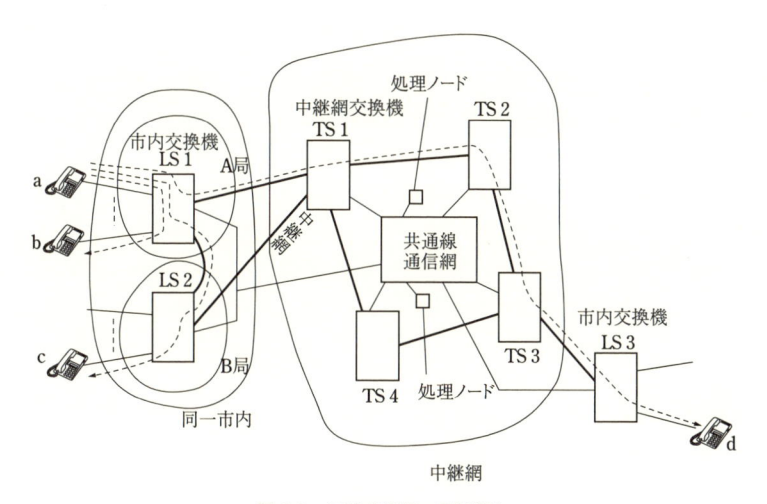

図6.3 回線交換網の経路選定

の場合は，LS1とLS2の間の中継線を用いてLS1とLS2を接続すれば，相手と通信可能になる．相手dが別の市にいる場合は，まず市外交換機TS1（TS：toll switch，中継交換機）と接続し，さらに中継線をたどってTS2，TS3と経由し，相手の電話が直接つながっているLS3へと接続される．（アナログ）電話機と市内交換機LSとの間のUNI（ユーザ網インタフェース）は物理層による規定（X.20）が定められており，電話機から「電話番号 0 ABCDEFGHJ の相手に電話したい」旨を，電話機のボタンを押すことでLSへ伝える．LS側は共通線信号網を通じて他の交換機へ制御信号が伝達されることにより，経路の選定が行われ，相手と接続する．

　日本国内の電話番号は市外局番を含めて10桁の数字で構成され「0 ABCDEFGHJ」という形式になっている．最初の0は，通信したい相手が市外であることを示す識別子としての役目を担っており，各市はその後に続く1～5桁 A(BCDE) の市外局番で区別される．市外局番の桁数は市の規模によって桁数が異なり，東京，大阪の2大都市が1桁（図6.4のケース1），以下都市の規模が小さくなるにつれて桁数が増加する．下4桁FGHJは加入者番号であり，残りのBCDE（もしくはCDE，DE，E，もしくはなし）が市内局番となる．先ほどの図6.3でいえば，市外交換機TSごとに市外局番が割り振られ，市内交換機LSには市内局番が割り振られる．市内交換機LSに直接接続されている各加入者電話にはそれぞれ加入者番号が割り振られる．たとえば加入者電話aが「0 ABCDEFGHJ」という電話番号を市内交換機LS1へ伝えると，交換機LS1は「0 ABCD…」と市外局番から順に解釈を行い，どこの市のど

電話番号　0 A B C D E F G H J

		市外番号	市内番号	加入番号
ケース	1	A	B C D E	F G H J
	2	A B	C D E	
	3	A B C	D E	
	4	A B C D	E	
	5	A B C D E	──	

図6.4　日本の電話番号（加入者番号）

この交換機につながっている電話であるかを調べていく．この際，共通線信号網を使って，他の交換機と連携して経路を瞬時に探し出して接続する．これらの作業は各交換機のプロセッサが共通線信号網という高速データ通信回線を通じて必要な番号やデータをやり取りすことによって実現される．

共通線信号網には処理ノードと呼ばれる制御装置があり，フリーダイアルなどの各種のサービスの実現や，交換機全体の監視，ソフトウェアのバージョンアップなど，ネットワークを維持管理するために利用される．

ここで，電話回線網におけるUNIについて再考すると，電話機と交換機間で必ず守らなければならない規定としては，物理的な信号（アナログ信号）と接続ケーブルやソケットなどの規定などのOSI参照モデルでの第1層（物理層）に関すること（X.20）が主である．次に述べるパケット交換などのデータ通信で必要な第2層（データリンク層）や第3層（ネットワーク層）などの規定は，電話が人と人が直接会話するというサービスにおいては，人がその意志で接続（会話）を開始したり，終了したりすればよいため必要ない．

6.2　パケット交換

図6.5のようにaとbの2つDTE間で中継網を介してデータ交換を行おうとすると，aは市内交換機LS1を通じて中継網に対し，電話のときのダイヤ

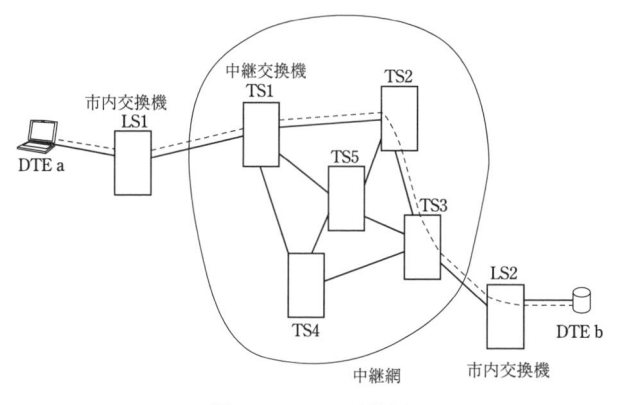

図6.5　パケット交換網

110   6章 データ交換方式

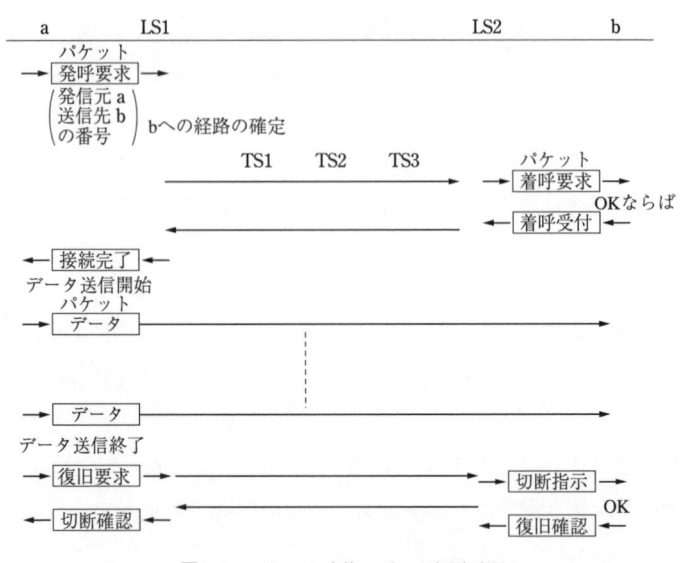

```
a          LS1                        LS2           b
───┐
 パケット
──→│発呼要求│──→
   │発信元a │
   │送信先b │  bへの経路の確定
   │ の番号 │
                 TS1    TS2   TS3          パケット
                ──────────────────→│着呼要求│──→
                                                    OKならば
                ←──────────────────│着呼受付│←──

←──│接続完了│←──
データ送信開始
 パケット
──→│ データ │─────────────────────────────────→
                        ⋮
──→│ データ │─────────────────────────────────→
データ送信終了
──→│復旧要求│─────────────────→│切断指示│──→
                                                     OK
←──│切断確認│←─────────────────│復旧確認│←──
```

図 6.6　パケット交換のデータ伝送手順

ル操作のようにbの加入者番号を表すデータ信号を送る．このダイヤリング信号を受けた交換機LS1はbと直接つながっている交換機LS2を見出し，この間に適当なルート（経路）を見出して回線（通信路）を設定する．そしてaが終了指示をするまでこの回線は確保したままとなる．これが回線交換の基本である．

　ところが，たとえば計算機のデータベースのアクセスを行うような場合を考えると，aの端末からbのデータベースをアクセスするのに，aから常にbへデータが送信されるわけではなく，データベースから送られてきた内容を見て処理を行い，もしくはaに備え付けられている他の入出力装置などからの情報を加えて判断を行い，そしてさらに別のデータをbに要求する，といったような時間的に間欠的なデータのやり取りがaとbの間で行われる．つまり大半の時間はデータのやり取りが行われないにもかかわらず，ab間の通信回線が常時確保されているという設備の無駄使いをしていることになる．そこで考えられたのが，必要なときだけ回線を確保する方法で，これがパケット交換の基本である（図6.6）．

　パケット交換は，aからbへ一連のデータを送る用意ができたとすると，こ

れを直ちに送り出さずにDTEの記憶装置にとどめておき，一定量のデータ単位に分ける．この単位は可変長で128オクテット（バイト）ないしは4096オクテットであり，パケットヘッダと呼ばれるデータを付加した単位データブロックを必要なだけ作成する．この構成のデータブロックをパケットと呼び，これらを交換機LS1へ送り込むのであるが，交換機LS1はaから送られて来るパケットをどこへ送り出せばよいかがわからない．

そこで，まずaとbの間の接続経路を設定するためにaから交換機LS1へ発呼要求と呼ぶパケットを送信する．このパケットには送信元aの加入者番号，送信先bの加入者番号などが含まれており，交換機LS1，LS2間で経路が確定したら，交換機LS2は着呼要求と呼ばれるパケットをbへ送る．このとき交換機LS1，LS2ではそれぞれ相手方のDTEの論理的な番号割り当てが行わる．

また，着呼要求パケットを受け取ったbは，aとの交信が可能な状態であれば着呼受付パケットを交換機LS2へ送る．そして，交換機LS1は接続完了パケットをaに送り，aはこれでab間の通信が可能になったことを了解し，送信しようとパケット単位に分割しておいたデータを送信する．

この際，それぞれのパケットのパケットヘッダには送信順序番号，受信順序番号などが付され，複数のパケットの送信（受信）順が明示される．データ伝送を行っている間は交換機LS1，LS2間で設定された経路に基づいてパケットが送られるので，パケットの受信順は送信順と変わらない．

以上の方式をバーチャルコール（VC：virtual call）と呼び，DTEに割り当てられた加入者番号に基づき，データ伝送を行う相手を自由に選択できる．また，発呼要求パケットと着呼受付パケットのやり取りを行うことにより，見かけ上回線交換と同様に接続を維持することが可能になる．データ伝送が終了して，送信元のDTE（a）が網に復旧要求パケットを送出し，送信先のDTE（b）へ切断指示パケットが送られ，bが復旧確認パケットを送出，aが切断確認パケットを受信すれば，交換機間で設定されていた経路も開放される．もちろん，経路が確保されている間でも，あくまで仮想的に（バーチャルに）回線が確保されているだけで，ab間でデータ伝送が行われていない時間は，その経路のいずれの通信路も，別の通信に使用することができる点が回線交換と異

パケット交換

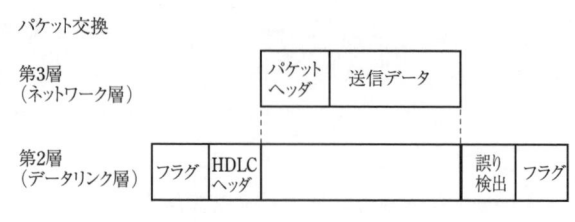

```
第3層
(ネットワーク層)    | パケット | 送信データ |
                    | ヘッダ  |            |

第2層            | フラグ | HDLC |         | 誤り | フラグ |
(データリンク層) |       | ヘッダ|         | 検出 |       |
```

図 6.7　パケット交換のフレーム構成

なる．

　バーチャルコールの特殊な形式として，データ伝送を行う相手が常に固定される PVC（permanent virtual circuit）がある．この場合，あらかじめ仮想的な（論理的な）経路を固定できるので，データ伝送開始や終了時の経路設定・解除を行うためのパケット（発呼要求や復旧要求など）を送出する必要がなく，伝送したいデータのみをパケットにして送出できる．

　パケット交換ではパケットが OSI 参照モデルの第 3 層に相当する構成になっており，第 2 層に相当する部分は HDLC（ハイレベルデータリンク制御手順）のサブセットである LAPB 手順により規定される．したがって，第 2 層から見たデータ形式は図 6.7 のようなフレーム構成になっている．

　データを伝送するパケット（データパケット）では，送信順序番号と受信順序番号と呼ばれる値をヘッダに書き込んで送信する．受信側ではこの 2 種類の順序番号を確認することにより，送信側が送り出した順序で受信側が受信していく．途中で何らかの状況により，受信ができないパケットが生じた場合，受信側は再送要求を送信側へパケットとして送付する．その際，どの時点で受信に失敗したのかを，送信順序番号，受信順序番号の組み合わせで送信側へ伝達することにより，受信に失敗したパケットから再送を開始することができる．

　また，ウィンドウサイズと呼ばれる値により，送信側から受信側へどれくらいのパケットを連続して伝送できるかを設定できる．DTE と交換機との間の伝送路の状態や DTE の処理能力などに応じて，適宜ウィンドウサイズを設定することにより，データ伝送が滞りなく行える．このように，パケット交換では，伝送路や DTE の状態に応じて充実した誤り制御やフロー制御が可能となっている．

6.3 フレームリレー

パケット交換によるデータ伝送は，過去に通信網の通信性能があまり良くないときにも誤りが生じないように，誤り訂正やフロー制御などを充実させた構成になっている．そのため，通信速度は 64 kbps 程度に抑えられ，大容量データを頻繁に伝送するには速度が十分ではない．また，近年通信網の伝送技術が発達してきたことに伴い，通信網の通信性能も格段に向上しただけでなく，DTE 側の性能も向上したため，パケット交換に用意されていた誤り訂正やフロー制御の機能が（網の機能としては）必要とされなくなってきた．そこで，パケット交換に用いられてきた誤り制御機能やフロー制御機能を簡略化して，大容量のデータを高速に伝送できるようなものとしてフレームリレーが考えられた．パケット当たりのデータ容量は可変長で最大 4096 オクテットであることはパケット交換と変わりがないが，伝送速度としては 64 kbps ないしは 1.5 Mbps さらには 6 Mbps 程度まで高速化される．

パケット交換ではパケットが OSI 参照モデル第 3 層を規定していたが，フレームリレーでは第 2 層を規定する．パケット交換における LAPB 手順に相当する構成で比較すると図 6.8 のようになる．フレームリレーにおけるブロック単位であるフレームは HDLC のサブセットである LAPF 手順により規定される．

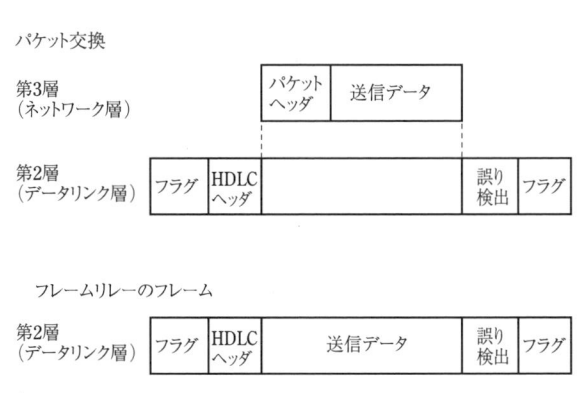

図 6.8 パケット交換とフレームリレー

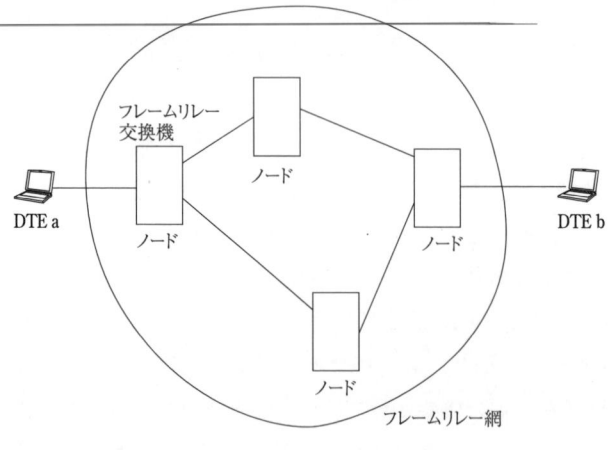

図6.9 フレームリレー網

　フレームリレーにもパケット交換と同様に，接続相手を変更できる接続と固定する接続の2種類が用意されており，SVC（switched virtual circuit）とPVC（permanent virtual circuit）と呼ばれる．前者はパケット交換におけるVC（virtual call）と同じく接続相手を選択できる手順であるが，呼び方が異なる．

　フレームリレー交換の一般的な構成を図6.9に示す．

　フレームのヘッダは図6.10のような16ビットの構成になっており，フレームリレー交換機は，フレームリレーのDTE（LANのルータなど）から送られてくるフレームのヘッダに含まれるDLCI（data link connection identifier：データリンクコネクション識別子）に従って送信先へ送り出す．DLCIはDTEに割り振られた識別番号であり，フレームの送信を行うDTEが送信先ごとに個別のDLCIをもっている．たとえばDTE aがDTE bへデータを送信するためにDLCI＝16，DTE cへデータを送信するためにDLCI＝17を割り振られたとすると，DTE aに直接つながる交換機内のテーブルには，DTE b，DTE cのDLCIおよびそれぞれが直接つながる交換機の識別番号との組が記憶される．そしてデータを送信する際には，直接つながる交換機において，フレームのDLCIが送信先のDTEのものに書き換えられて目的の交換機へ送出される．

6.3 フレームリレー

　フレームリレーは前述のとおり，伝送路やDTEの性能向上に伴い，パケット交換で用いていた厳密な誤り制御やフロー制御を簡略化して高速化を目指したものである．したがって，もし送られてきたフレーム内に誤りが生じていた場合（これはFCSと呼ばれるビット誤り検出により検出できる）の再送要求や，伝送路が一時的に混み合って輻輳状態になったときの制御などは，DTE側で処理しなければならない（図6.11）．

ビット	0	1	2	3	4	5	6	7
	DLCI						CR	EA
	DLCI				FECN	BECN	DE	EA

DLCI：データリンクコネクション識別子
FECN：順方向明示的輻輳通知
BECN：逆方向明示的輻輳通知
　DE：廃棄可能表示
　CR：コマンドレスポンス
　EA：アドレスフィールド拡張

図6.10 フレームのヘッダ

　伝送路が輻輳状態になるとフレームリレー網の交換機からDTEに対して輻輳通知が送られてくる．輻輳通知を受け取ったDTEは，あらかじめ定めておいたCIR（committed information rate）と呼ばれる転送速度までフレームの送出速度を下げる必要がある．もし速度をCIRまで下げずにそのままの速度でフレームを送出し続けると，CIRを超える分のフレームはフレームリレー網側で自動的に廃棄されてしまう．

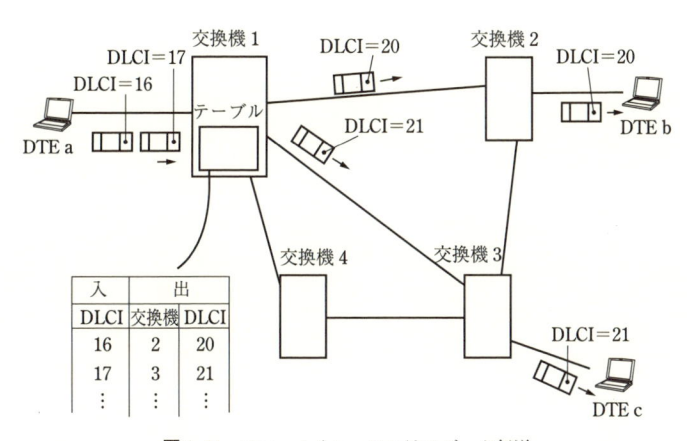

図6.11 フレームリレーにおけるデータ伝送

6.4 セルリレー

フレームリレーの実現により，パケット交換よりも高速に大容量のデータ伝送が可能になったが，さらなる高速・大容量データ伝送への要求が近年高まってきた．また，伝送するデータの種類も，単なる計算機上のデータだけではなく，画像や映像などのマルチメディア情報などの伝送への要求も高まっている．たとえば計算機上のデータベースファイル転送などに比べて，映像情報などは即時・連続的な伝送を必要とする場合が多く，高速・大容量の伝送に加え，伝送するデータの種類によって，間欠的な伝送でよいのか，バースト的に一気に伝送したいのか，それとも一定容量のデータを持続的に伝送したいのか，など伝送の種類も取捨選択できるようにしたいという要求も同時に考慮する必要が生じてきたのである．これを実現しようと構築されたのがセルリレー（ATM：asynchronous transfer mode，非同期転送モード）である．パケット交換やフレームリレー同様，一定の大きさのブロックに分割して伝送する形

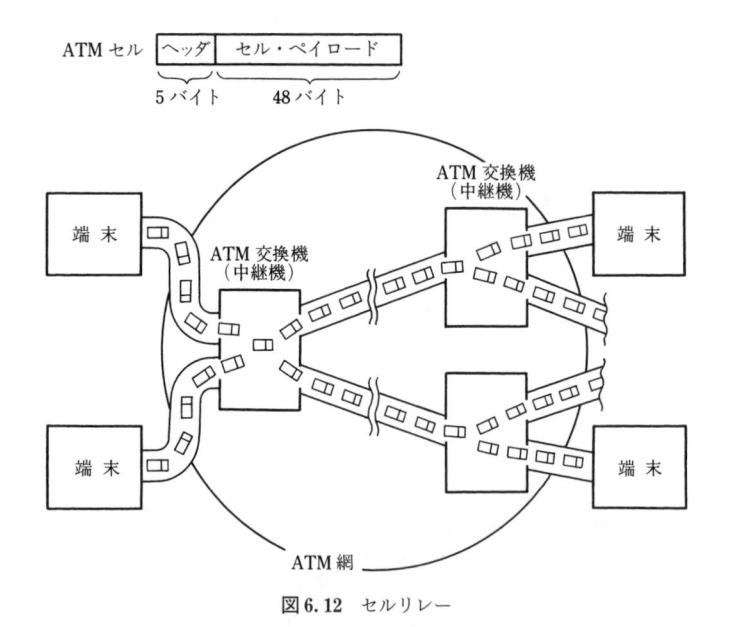

図6.12 セルリレー

6.4 セルリレー

式であるが，1つのブロック（セルと呼ばれる）の大きさが固定長で，しかも53オクテットと非常に小さなものになっている．セルは図6.12のように，5バイトのヘッダと48バイトのデータで構成される．

ヘッダ5バイトには複雑に分岐合流する網の中を目的の伝送路へ伝うための経路を決定するデータを保持する．つまり個々の53バイトのセルそれぞれが自分の行き先を独自に決定できるように構成されている．53バイトという非常に小さな長さを単位としながらも，それぞれが個別に行き先を決定できるということは，図6.12に示すように，複数の目的地へのセルが混在していても伝送路自身は次の分岐点もしくは合流点（中継機）までは区別することなくセルを運べばよいことになる．また，中継機もヘッダ5バイトの内容に応じて分岐させればよいので，分岐させる機構の実現は比較的容易であり，全体として非常に高速にセルを伝達できる．

ATMセルリレーの具体的なUNI（ユーザ網インタフェース）の説明は他著に譲るが，OSIの第1層（物理層）に相当する階層をさらに2階層に分けて，下の層を物理レイヤ，上の層をATMレイヤとして規定している．物理レイヤでは，伝送フレームにおけるセルやセル内のビットもしくはバイト単位の組み立て方を規定している．ATMレイヤでは，VC（virtual channel）やVP（virtual path）と呼ばれる2階層の接続経路を用いて伝送路を規定している．VCはパケット交換におけるVC（virtual call）やフレームリレーにおけるVC（virtual circuit）と同じで，DTE間をつなぐ論理的な経路に相当し，複数のVCを束ねて1つのVPが構成される．VCとVPの識別子であるVCI（virtual channel identifier）とVPI（virtual path identifier）は5バイトのセルヘッダ内に設定される．つまり，1つ1つのセルごとに，そのセルがどの経路で伝送されるかがVCIとVPIによって規定されるわけである．1本の伝送路は図6.13のように複数のVPで構成され，さらにそれぞれのVPは複数のVCの束として構成されている．

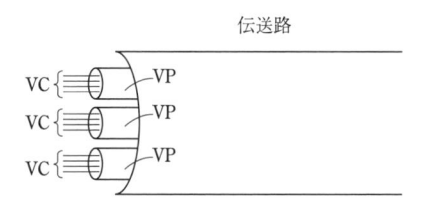

図6.13 VP (virtual path) とVC (virtual channel)

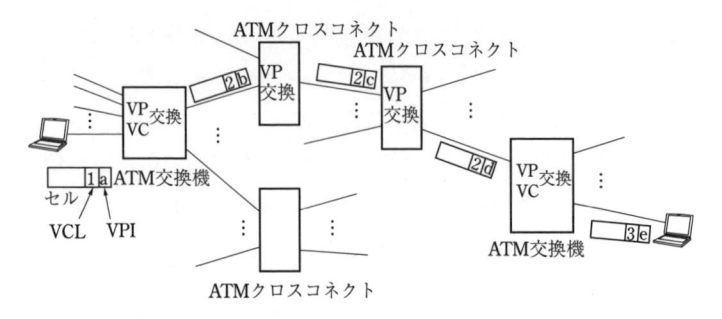

図 6.14　セルリレーにおけるデータ伝送

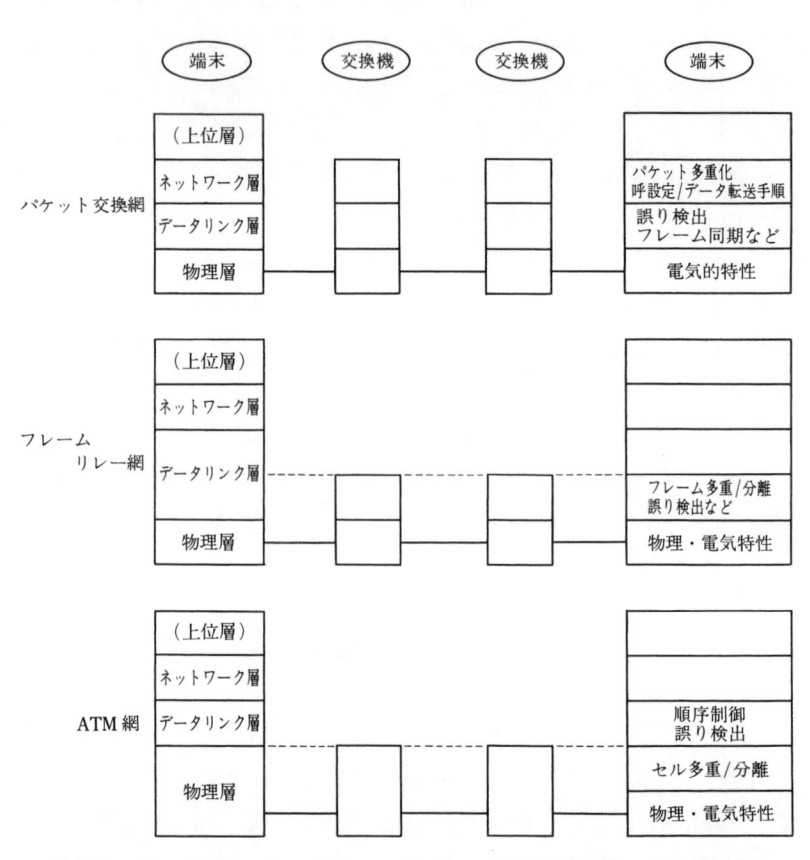

図 6.15　パケット交換，フレームリレー，セルリレーにおける交換機レベルの階層構造

DTE同士が経路を設定するのがVCであり，セルリレー網の伝送路においてVCを多重化した概念がVPである．セルリレー網ではDTEが直接接続するATM交換機によりVC単位で経路を交換し，途中いくつかのATMクロスコネクトと呼ばれる交換機を通って，相手方のDTEが直接つながるATM交換機へセルが流れていく．途中のATMクロスコネクトではVP単位で経路を交換する．

セルリレーの最大の特徴は，セルという小さなサイズを単位として，ヘッダ内の情報に基づきハードウェアで高速に交換できるところにある．したがってセルリレーはOSIモデルにおける物理層のみを用いて交換網を構築している．パケット交換やフレームリレーと比較すると図6.15のようになる．

6.5 デジタルハイアラーキによる多重伝送

光ファイバ伝送路では非常に多くの回線が多重化され，1本の光ファイバに何万回線分ものデータが伝送される．このような多重化は一気に行われるのではなく階層的に何段階かに分けて徐々に多重化の度合いを増加させていく．つまり，末端のレベルが少しずつ多重化されていき大都市間の大動脈に相当する基幹の伝送路で多重化の度合いが最大となっていく．このとき，徐々に多重化の度合いを上げていく際の階層構造を規定しておけば，規格化された多重化機構を構築でき，中継機を効率よく配置したり，中継機のコストを下げたりすることが可能となる．この多重化の階層構造の規定をデジタルハイアラーキと呼び，国際的に標準化されている．図6.16は同期デジタルハイアラーキ(SDH：synchronous digital hierarchy)の基本となるフレーム構成で，155.52 Mbps

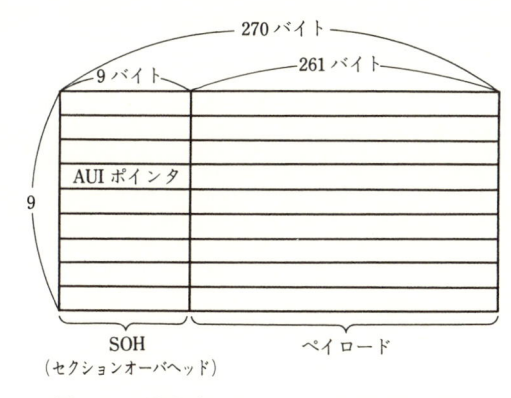

図6.16 同期伝達モジュール1（STM-1）の構成

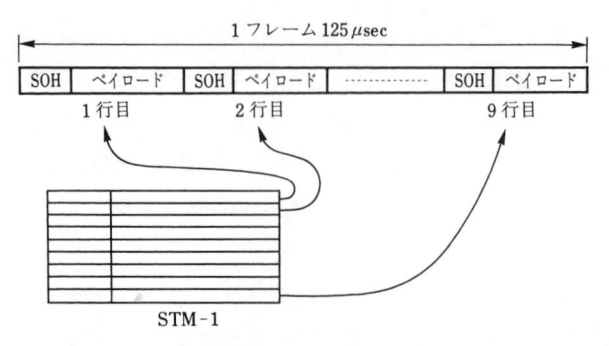

図6.17 STM-1の伝達

の伝送速度をもつSTM-1 (synchronous transfer module-1) と呼ばれる．SDHでは，このSTM-1を基本とし，そのN倍の速度であるSTM-Nを利用して多重化規則を定めている．図6.16に示すとおり，フレーム構成は270バイト×9行＝2430バイトであり，各行は9バイトのヘッダ（SOH）と261バイトのペイロードからなる．STM-1では図6.17に示すように各行は順次伝送され，1フレームを125μsecで伝送する．2430バイト×8ビット/125μsec＝155.52 Mbpsとなっている．STM-Nも同様に9行が1フレームとなり，1フレーム125μsecで伝送されるので，155.52×N Mbpsの伝送速度となる．

多重度の高い多重伝送は伝送コストを下げる有効な手段であり，年々多重度が高くなっている．4章で述べた多元接続と同じような仕組みで多重化が行われており，(a) 周波数分割多重化（FDM：frequency division multiplexing），(b) 時分割多重化（TDM：time division multiplexing），(c) 波長多重化（WDM：wavelength division multiplexing）などがある．(c)のWDMは光ファイバ伝送でのみ使われる手法である．FDM，TDMは4章におけるFDMA，TDMAと同様の仕組みで多重化される．WDMは1本の光ファイバに複数の波長の光を用いて伝送する手法である．数100から1000を超える波長を用いる高密度のWDMをDWDM（Dense WDM）と呼び，実用化および研究が盛んに行われている．

演習問題

6.1 異なる市の相手に電話をかけるため，電話機に相手の電話番号を打ち込んだ．電話機から直接つながる市内交換機へ電話番号が伝わった後，市内交換機はどのようにして相手方の電話機がつながる市内交換機への回線経路を見つけるのか．

6.2 バーチャルコール（VC）によるパケット交換の場合，見かけ上回線交換と同様に回線接続を維持することができる．これはなぜか．

6.3 セルリレーにおけるデータ伝送はOSIモデルのどの階層を用いた伝送か．また，フレームリレーの場合はどの階層か．

6.4 同期デジタルハイアラーキ（SDH）を構成する多重化法にはどのようなものがあるか．

7 ネットワークプロトコル（TCP/IP）

　5章ローカルエリアネットワーク（LAN）で示された物理層，データリンク層の上にネットワーク層，トランスポート層を構築し，さらに上のセッション層，プレゼンテーション層，アプリケーション層において各種のサービスを実現することがコンピュータネットワークにおける階層構造である．本章では次章で示されるインターネットにおける各種サービスを実現する上で欠かすことのできない基本的なネットワークプロトコルである TCP/IP プロトコルについて詳説し，さらに暗号化によるセキュリティについて説明する．

　TCP/IP という名前は，TCP（transmission control protocol）と IP（internet protocol）という2つのプロトコルの名前を合わせた呼び方で，IP，TCP だけでなく，関係する一連のプロトコル全体の総称として用いられる．IP は OSI 参照モデルでの第3層（ネットワーク層）に相当するプロトコルであり，TCP は第4層（トランスポート層）に相当するプロトコルなので，階層が異なる2つのプロトコルを合体させた呼び方はかえって混乱する危険性もあるが，従来から慣用的にこう呼ばれている．TCP/IP は，OSI モデルとは異なり，アプリケーション層，トランスポート層，インターネット層，ネットワークインタフェース層という4つの概念層からなる階層化モデルにおける最下層と最上層を除いた中間の2層を担当している．OSI モデルとは図7.1のような対応関係にあると考えるのが一般的であろう．

　以下7.1節で TCP/IP プロトコルを基本としたネットワーク（これを IP ネットワークと呼ぶ）の概略を説明し，7.2節で TCP/IP のネットワーク層について，7.3節でトランスポート層について説明する．また，7.4節において，

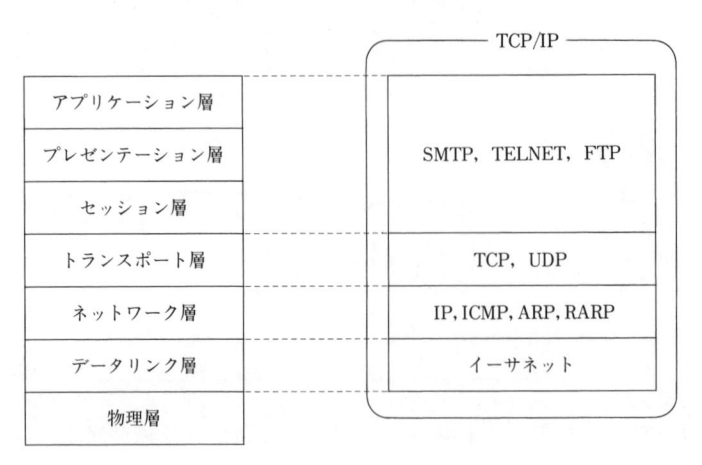

7章 ネットワークプロトコル (TCP/IP)

OSIモデル	TCP/IP
アプリケーション層 プレゼンテーション層 セッション層	SMTP, TELNET, FTP
トランスポート層	TCP, UDP
ネットワーク層	IP, ICMP, ARP, RARP
データリンク層	イーサネット
物理層	

図7.1 TCP/IPとOSIモデルの対応

トランスポート層，ネットワーク層（さらにデータリンク層）におけるセキュリティ技術について説明を加える．

7.1　IPネットワーク

　TCP/IPプロトコルに基づき，5章ローカルエリアネットワーク（LAN）で示されたデータリンク層や物理層でIPパケットが伝送され，次章で説明されるインターネットの各種アプリケーションが実行される．ここでインターネット自体は非常に大きなネットワークであり，多数のプロバイダや組織が相互に接続して運営されているため，ネットワーク全体を見渡した統一的な管理やトラヒック設計などは非常に困難であり，伝送の品質保証などは難しいネットワークとなっている．しかしながら，IPパケットを基準とした通信技術そのものは，「データグラム形式のIPパケットを転送するネットワーク」という観点から見れば，単一の組織が設計し構築するならば，ネットワーク全体の管理やトラヒック設計が可能であり，伝送の品質保証もある程度は実現できる．そこで，IPパケットを伝送するネットワークという観点から，IPネットワークの構造を考える（図7.2）．

7.1 IPネットワーク

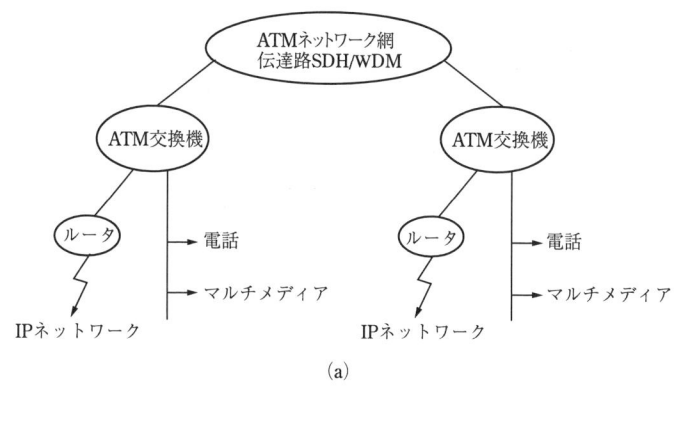

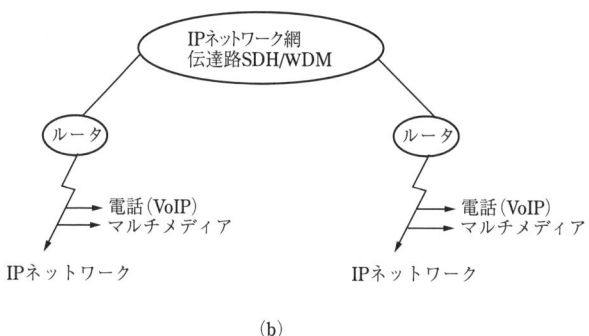

図7.2 IPネットワークの構成

6章で述べたセルリレーはATMを基本とするセル伝送技術である．ATMは，広帯域のISDNを実現し，音声，データだけでなく画像や映像などの各種サービスに対して同一の（ATM）セルという単位でデータのやり取りを行う構造を目指して構築されてきた背景がある．そのためにSDH（同期デジタルハイアラーキ）が実現され，SDHのペイロード上にATMセルを載せて高速広帯域に伝送できる技術が構築されてきた．ところが，インターネットの発展に伴い，IPパケットの実用性が十分に認識され，ATMによる各種サービスをゼロから構築し直すよりは，すでにインターネット上で実現されているIPパケットによる各種サービスをそのまま用いる方が，安価で容易に実現できることが認識されてきた．そこで，IPパケットを直接フレームやATMセ

ルに分割してフレームリレーや ATM を用いて伝送する IPoverFR や IPover-ATM などが実現されてきた．また，ATM を経由せず直接 IP パケットを SDH のペイロードに載せて伝送する IPoverSDH, さらに SDH も省略して直接 WDM (波長多重化 wavelength division multiplexing) して伝送する IPoverWDM などが開発されている．

IP ネットワークではルータがパケットを転送するが，DTE やサーバ，ルータなどの中継点で一旦パケットをメモリに蓄積するなどして，適切な経路を見つけ出して相手へパケットを伝送する．つまり IP ネットワークは基本的にはコネクションレス型の通信であるので，回線を占有することなく他者の多数の通信と共用されるので効率が良い．その代わり，即時的にデータを伝送するのは難しく伝送路が混んでいると動画像通信などのサービスには不向きなネットワークとなってしまう．つまり相互に通信する際に帯域が保障されずに変動する帯域変動型ネットワークであり，このようなネットワークをベストエフォート型ネットワークと呼ぶ．

ベストエフォート型は前述のとおり，即時性が要求される電話や動画像通信には不向きであるため，次の2つの方策をとる．

(1) 伝送路(およびルータなどの中継機)を高速・広帯域化する
(2) QoS (quality of service：サービス品質) 制御を行う

前者は IPoverSDH や IPoverWDM などを実現することで伝送路をなるべく高速化することにより，動画像通信などの大容量の高速データ伝送を要求するサービスに対しても十分な帯域を確保するようにしてやり，後者により，特に必要なサービスに対しては一定の帯域を保障するようにネットワークを構築する．

高速で高品質な IP ネットワークが構築できれば，VoIP (voice over IP) を用いた IP 電話や VPN (virtual private network) 技術を用いた IP-VPN，すでにインターネット上で実現されている IP パケットを用いたマルチメディア伝送や各種のサービスが実現できる．つまり ATM 網で規定されていた各種サービスに対応した ATM 端末などを用いる必要がなく，すでに普及している IP パケットを用いた各種サービスを，IP ネットワークという同一のネットワーク上で TCP/IP という同一のプロトコルで直接実現できることになる．

7.2　TCP/IPのネットワーク層

ここでは，TCP/IPに含まれるネットワーク層のプロトコルの中でも特に重要と思われる以下の4つのプロトコルを取り上げる．

- (1) ARP　　(address resolution protocol)
- (2) RARP　(reverse address resolution protocol)
- (3) IP　　　(internet protocol)
- (4) ICMP　(internet control message protocol)

(1)の**ARP**は，後述するIPアドレスをイーサネットインタフェース装置に割り当てられているイーサネットアドレスへと対応づけを行うためのプロトコルである．(2)の**RARP**は，逆にイーサネットアドレスをIPアドレスへと対応づけるために用いられるプロトコルである．

(3)の**IP**はTCP/IPに含まれるプロトコルの中でもTCPと並んで最も重要なプロトコルであり，「IPアドレスのイーサネットアドレスへの変換」や「経路制御」などの主要な機能を提供する．しかし残念ながら，IP自体には「エラーの報告」，「ネットワークの状況の報告」，「経路制御を行うための情報の伝達」などの機能は含まれていない．そこで，これらの機能を提供するために(4)の**ICMP**が用いられる．

まず，インターネット上でのアドレス表現であるIPアドレスについて述べた後，上述の4つのネットワーク層のプロトコルについて個別に述べる．

7.2.1　IPアドレス

ネットワーク層で用いられる**IPアドレス**（インターネットアドレスとも呼ばれる）は，4オクテット（32ビット）の値を用いてイーサネットインタフェース装置を実装している**ホスト**（host, ワークステーションやパーソナルコンピュータ）を表現している．IPアドレスにはクラスAからクラスEまでの5つのタイプが規定されている．これらの形式を図7.3に示す．いずれのクラスのIPアドレスも32ビット長であるが，先頭の数ビットのパターンはクラスごとにあらかじめ定められているので，これらを参照することによりIPアド

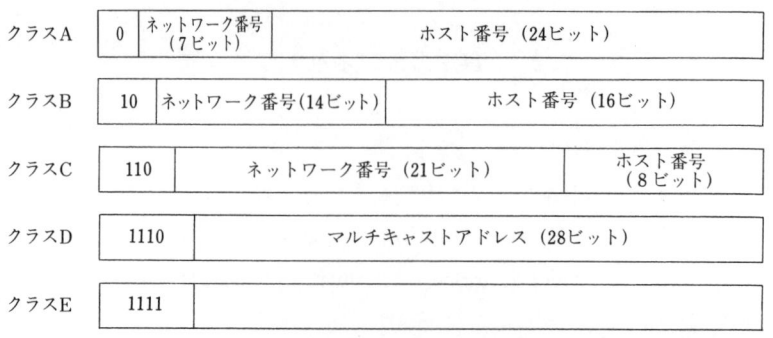

```
クラスA   | 0    | ネットワーク番号(7ビット) | ホスト番号(24ビット)      |
クラスB   | 10   | ネットワーク番号(14ビット)| ホスト番号(16ビット)      |
クラスC   | 110  | ネットワーク番号(21ビット)            | ホスト番号(8ビット) |
クラスD   | 1110 | マルチキャストアドレス(28ビット)                      |
クラスE   | 1111 |                                                       |
```

- クラスD はマルチキャスト通信用
- クラスE は将来の拡張用

図7.3 IPアドレスのクラスとネットワーク番号・ホスト番号の割当 (RFC 990)

レスがどのクラスに属するかを判断できる．たとえば，最初のビットが「0」であれば，そのIPアドレスはクラスAのIPアドレスであると判断できる．実際には，ホストを表現するために用いられるのはクラスA，クラスB，クラスCの3つのタイプのIPアドレスである．クラスDは**マルチキャスト** (multicast) と呼ばれる同時送信に用いられるIPアドレスであり，クラスEは将来の拡張用に予約されているIPアドレスである．

では，クラスA〜Cについてもう少し詳しく調べてみることにする．図7.3に示したように，クラスを判断するために用いられるビット数はクラスAでは1ビット，クラスBでは2ビット，クラスCでは3ビットである．IPアドレスは全体で32ビットであるので，クラスAでは残りの31ビットのうち上位7ビットをネットワーク番号として，下位の24ビットをホスト番号として用いると規定されている．同様に，クラスBではネットワーク番号に14ビット，ホスト番号に16ビットが割り当てられ，クラスCではネットワーク番号に21ビット，ホスト番号に8ビットが割り当てられる．

ここで，**ネットワーク番号**とはインターネットに接続されている1つ1つのネットワークを特定するための値である．このネットワーク番号の値はそれぞれのネットワークについて固有な値が必要であるため，ネットワークインフォメーションセンタ (NIC, network information center) と呼ばれる機関がインターネットに接続する各ネットワークに対してネットワーク番号の割り当て

7.2 TCP/IP のネットワーク層

の管理を行っている．

次に**ホスト番号**（またはローカルアドレス）であるが，これは NIC のような機関が定めるのではなく，各ネットワークの管理者が独自に定めることができる．すなわち，ネットワークの管理者は当該ネットワークに接続されているホストに対して自由にホスト番号を割り当てることができる．

たとえば，10011101 00010000 00010000 00001010（8 ビットずつピリオドで区切って十進数表示した 157.16.16.10 という表記を用いることが多い）で表される IP アドレスを考えてみよう．この IP アドレスの先頭が「10」であることから，クラス B の IP アドレスであることがまず判明する．クラス B の場合は先頭から上位 16 ビット（クラス判別用の「10」を含む）がネットワーク番号であり，下位 16 ビットがホスト番号と解釈すればよい．したがって，この例ではネットワーク番号は 157.16 であり，ホスト番号は 16.10 となるので，157.16.16.10 という IP アドレスは 157.16 という番号で特定されるネットワークに接続されている 16.10 のホスト番号を有するホストを表現している．

ネットワーク番号とホスト番号へのビット割当て量は，クラス A，クラス B，クラス C ではそれぞれ異なる．クラス A ではホスト番号に 24 ビットを割り当てているので，1 つのネットワークに 2^{24}（16777216）台のホストが接続可能である（ただし，後述するように一部の IP アドレスは予約されているため，実際に接続可能な台数はこの値より若干少なくなる）．すなわち，クラス A は大規模なネットワークに適した IP アドレスといえる．しかし，クラス判定に用いられているビットを除けばネットワーク番号には 7 ビットしか割り当てられていないため，このような大規模なネットワークは 2^7（128）個しか表現できない．逆に，クラス C の場合は 1 つのネットワークに接続できるホストの数は 2^8（256）台までと小規模ではあるが，このようなネットワークを 2^{21}（2097152）個も表現できる．クラス B の場合はクラス A とクラス C との中間であり，1 つのネットワークに 2^{16}（65536）台のホストが接続できるネットワークを 2^{14}（16384）個表現できる．

以上述べてきたように，IP アドレスを用いることにより特定したいホスト（ホスト番号）と接続されているネットワーク（ネットワーク番号）とを表現

することができる．ただし，以下のIPアドレスに関しては例外的に取り扱われる．

(1) ホスト番号のビットがすべて1のIPアドレス（ブロードキャストアドレス）

(2) ホスト番号またはネットワーク番号のビットがすべて0のIPアドレス

(3) 127.0.0.0のIPアドレス（ループバックアドレス）

(1) の**ブロードキャストアドレス**（broadcast address）は，ネットワーク番号により指定されたネットワーク上のすべてのホストに該当するアドレスである．

(2) の場合は，すべてのビットが0であるホスト番号またはネットワーク番号を，各ホストのIPアドレスの当該番号と置き換えたアドレスを表す．

(3) のループバックアドレスは，同一ホスト上におけるプロセス間通信などに用いるために予約されている．

7.2.2 ARP（address resolution protocol）

TCP/IPのネットワーク層以上では，ネットワークに接続されているホストを識別するためのアドレスとしてIPアドレスを用いる．いま，図7.4においてホスト1からホスト2への送信を行う場合を考える．ネットワーク層以上では送信先のホスト2をIPアドレスを用いて指定することになるが，実際に通信を行うイーサネット（データリンク層）では送信先をホスト2のイーサネットアドレスで指定しなければならない．すなわち，ホスト1は送信に先立って，送信先のホスト2のIPアドレスをイーサネットアドレスへと変換する必要がある．この「IPアドレス→イーサネットアドレス」の変換を行う目的のために，ネットワーク上の各ホストはキャッシュと呼ばれる記憶装置にIPアドレスとイーサネットアドレスの対応表を保持している．このキャッシュに保持されている対応表にホスト2のイーサネットアドレスが含まれているならば，その値を用いてイーサネットを介した通信を行うことができる．しかし，キャッシュにホスト2の情報が保持されていない場合には，ネットワークを通じてホスト2のイーサネットアドレスを求めることを試みる．この際，イーサネットアドレスを問い合わせるために用いられるプロトコルが**ARP**である．

7.2 TCP/IPのネットワーク層

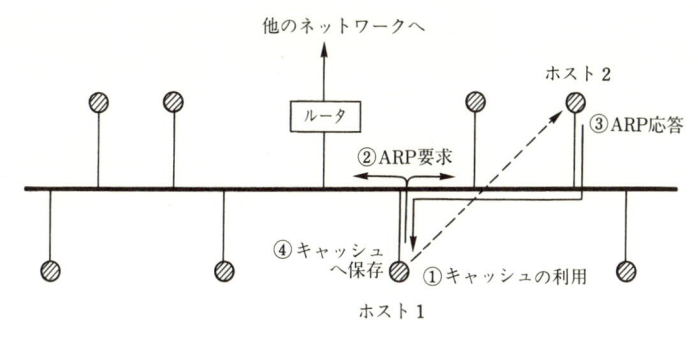

図7.4 IPアドレス→イーサネットアドレスの対応を求める手順（ARP）

図7.4において，ホスト1がホスト2のイーサネットアドレスを入手するための手順を整理すると

① ホスト1のキャッシュの中にホスト2の情報（IPアドレスとイーサネットアドレスの対応）が含まれているならば，その値を用いる．

② キャッシュにホスト2の情報がない場合には，ブロードキャストアドレスを用いて「**ARP要求メッセージ**」をネットワーク上のすべてのホストに送る．

③ ブロードキャストメッセージを受けたホスト2は，ホスト2のIPアドレスとイーサネットアドレスの対応情報を含む「**ARP応答メッセージ**」をホスト1へ送り返す．

④ ホスト1はホスト2のアドレス対応をキャッシュに保持し，次回のアドレス変換処理の高速化を図る．

となる．この手順のうち，ARPメッセージを用いている②と③について説明を加えておく．

手順②において，ホスト1はARP要求メッセージをネットワーク上の全ホストにブロードキャストする．このメッセージは28オクテットのデータであり，そのフォーマットを図7.5に示す．ハードウェアアドレススペース（hardware address space）フィールドには通信に用いるインタフェースハードウェアの種別を表す値を指定し，イーサネットを指定する場合の値は1である．プロトコルアドレススペース（protocol address space）フィールドにはメッセージの後半に現れるプロトコルアドレスの種別を表す値を指定し，IP

ハードウェアアドレススペース	プロトコルアドレススペース	ハードウェアアドレス長	プロトコルアドレス長	オペレーションコード	発信元ハードウェアアドレス
2オクテット	2オクテット	1オクテット	1オクテット	2オクテット	6オクテット

発信元プロトコルアドレス	ターゲットハードウェアアドレス	ターゲットプロトコルアドレス
4オクテット	6オクテット	4オクテット

図7.5 ARP と RARP で用いられるメッセージフォーマット (RFC 826, 903)

表7.1 ARP と RARP で用いられるメッセージの種類とオペレーションコードフィールドの値 (RFC826, 903)

メッセージの種類	オペレーションコード
ARP 要求メッセージ	1
ARP 応答メッセージ	2
RARP 要求メッセージ	3
RARP 応答メッセージ	4

アドレスを指定する場合の値は 0800_h である．ハードウェアアドレス長フィールドとプロトコルアドレス長フィールドには，それぞれ用いるアドレスの長さ（オクテット数）を指定する．オペレーションコード（opcode）フィールドには，メッセージの種別に応じて表7.1に示す値を指定する．TCP/IP の場合にはハードウェアアドレススペースに1（イーサネット），プロトコルアドレススペースに 0800_h（IP アドレス）が指定されるので，発信元ハードウェアアドレスフィールドと発信元プロトコルアドレスフィールドには発信元（ホスト1）のイーサネットアドレスと IP アドレスをそれぞれ指定すればよい．同様にターゲットハードウェアアドレス（target hardware address）フィールドは送信先（ホスト2）のイーサネットアドレスを格納する部分であるが，ARP要求メッセージを作成する段階ではこの値は当然不明である（この値を求めるために ARP 要求メッセージを送る）ので使用しない．ターゲットプロトコルアドレス（target protocol address）フィールドには送信先（ホスト2）の IPアドレスを指定する．このようにして作成した ARP 要求メッセージを，特別な IP アドレスの1つであるブロードキャストアドレスを用いてネットワーク

上の全ホストに送信する．

手順③では，ブロードキャストによる ARP 要求メッセージを受信したホスト 2 は，ARP 要求メッセージのターゲットプロトコルアドレスフィールドの値が自分の IP アドレスと同一であることを確認した後，要求に応えるための ARP 応答メッセージを作成する．この ARP 応答メッセージを作成するには

(1) 送られてきた要求メッセージのターゲットハードウェアアドレスフィールドに自分（ホスト 2）のイーサネットアドレスを記入する．
(2) 発信元とターゲットのハードウェアアドレスフィールドの値を入れ換える．
(3) 発信元とターゲットのプロトコルアドレスフィールドの値を入れ換える．
(4) オペレーションコードフィールドの値に 2（ARP 応答，表 7.1 参照）を指定する．

などの処理を行えばよい．ホスト 2 はこれらの一連の処理により作成した ARP 応答メッセージをホスト 1 へ送り返す．このとき，ホスト 2 は送られてきた ARP 要求メッセージに含まれている情報からホスト 1 のイーサネットアドレスと IP アドレスの対応を知ることができるので，ブロードキャストではなく直接ホスト 1 に ARP 応答メッセージを送る．

ARP 応答メッセージを受け取ったホスト 1 は，メッセージ中の発信元ハードウェアアドレスフィールドと発信元プロトコルアドレスフィールドを参照することにより，ホスト 2 のイーサネットアドレスと IP アドレスの対応を知ることができる．

7.2.3 RARP (reverse address resolution protocol)

ここでは，ARP とは反対に「イーサネットアドレス→IP アドレス」への対応づけを行うために利用される **RARP** について述べる．

ネットワークに接続されている各ホストは自分のイーサネットアドレスを知ることができる．この値はネットワークインタフェース装置の ROM などに記憶されている．では，自分の IP アドレスはどのようにして求めるのであろう

か．通常はホスト（ワークステーションやパーソナルコンピュータなど）の二次（外部）記憶装置であるハードディスク装置などにIPアドレスを事前に記憶しておくことで，この問題を解決している．しかしながら，ホストの中には二次記憶装置を有していないコンピュータ（**ディスクレスマシン**，diskless machine）もある．これらのホストでは，起動した直後の状態では自分のイーサネットアドレスを知ることはできても，自分自身のIPアドレスの値は不明である．このような場面でも以下に述べるRARPを用いることにより，ディスクレスマシンは自分のIPアドレスを求めることができる．

RARPによりIPアドレスを求める手順を図7.6に示す．以下，この例の手順に従って処理過程を追うことにする．

まず最初の手順①では，ディスクレスマシンのホスト3は自分のIPアドレスを求めるために，**RARP要求メッセージ**をネットワーク上の全ホストにブロードキャストする．このRARP要求メッセージはすでに述べたARP要求メッセージと類似しているが，以下の部分が異なる（図7.5参照）．

- オペレーションコードフィールドの値が3である（表7.1参照）．
- 発信元ハードウェアアドレスとターゲットハードウェアアドレスのフィールドには自分（ホスト3）のイーサネットアドレスを指定する．
- （当然ではあるが）発信元プロトコルアドレスとターゲットプロトコルアドレスのフィールドは使用しない．

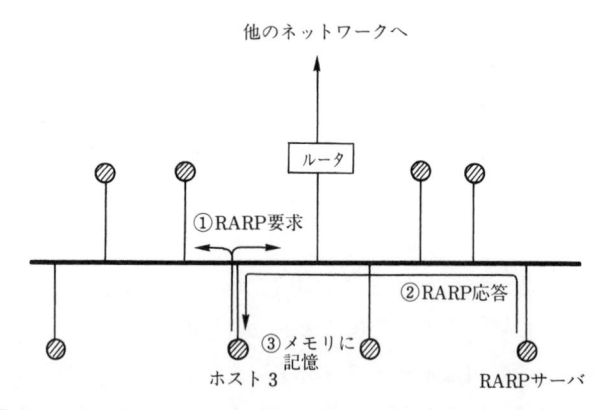

図7.6 イーサネットアドレス→IPアドレスの対応を求める手順（RARP）

次に手順②では，RARP要求メッセージに対して応答するために事前に用意されているホスト（RARPサーバ）が，送られてきたRARP要求メッセージに，次に示す変更を行うことにより**RARP応答メッセージ**を作成する．

(1) 発信元ハードウェアアドレスフィールドと発信元プロトコルアドレスフィールドに，サーバのイーサネットアドレスとIPアドレスをそれぞれ記入する．

(2) サーバの二次記憶装置に記憶されている「イーサネットアドレスとIPアドレスの対応表」を参照することにより，ターゲットハードウェアアドレスフィールドに指定されているイーサネットアドレスに対応するIPアドレスを調べ，その値をターゲットプロトコルアドレスフィールドに指定する．

(3) オペレーションコードフィールドの値を4にする（表7.1参照）．

このようにして作成したRARP応答メッセージを，RARPサーバはRARP要求メッセージを送ってきたホスト（ホスト3）へ送り返す．

最後に手順③では，RARP応答メッセージを受信したホスト（ホスト3）は，ターゲットプロトコルアドレスフィールドを参照することにより自分のIPアドレスを知ることができる．このIPアドレスはメモリに記憶され，以降はRARP要求メッセージを送出せずにメモリ上に保持されているIPアドレスを用いる．

7.2.4　IP（internet protocol）

IPはTCP/IPの中でも特に重要なプロトコルであり，後述するトランスポート層～アプリケーション層の各サービスはIPにより提供されるパケット方式の通信の上で実現されている．IPによるパケットの配送では，ネットワークの異常や輻輳などのさまざまな原因により途中でパケットの内容が壊れたり，パケット自体が消失したりする可能性がある．加えて，このような状態の検出や報告も行われない．この理由により，IPは「信頼性のない通信」と呼ばれることもある．しかし，TCP/IPではこれらのエラー検出や報告などの機能はTCPなどの上位層のプロトコルの役割となっており，IP上でTCPを利用することで「信頼性のある通信」を確保することができる．この「信頼性

のある通信」については次節で述べることにして，ここではTCP/IPの基本ともいうべきIPについて

(a) 通信の基本単位であるデータグラム
(b) データグラムの分割と再構成

の2点から解説を行う．

(a) データグラム

IPにより転送されるパケットは**データグラム**（datagram）と呼ばれ，図7.7に示すフォーマットをもつ．以下に各フィールドの意味について述べる．

バージョン（version）フィールドにはIPのバージョンを指定する．このフィールドは転送されたデータグラムのフォーマットが受信側の想定しているフォーマットと一致（バージョンが一致）していることを確認する目的で利用される．なお，現在はバージョンの値として4が指定されている．

ヘッダ長フィールドにはデータグラムのヘッダ部（バージョンフィールドからパディングまで）の長さを指定する．後述するオプションフィールドの長さが可変であるためにヘッダ部の長さも可変となるので，ヘッダ長を知るためにこのフィールドが用意されている．なお，ヘッダ長フィールドの単位は4オクテットであり，6という値が指定されているならばデータグラムのヘッダ長は4オクテット×6＝24オクテットとなる．

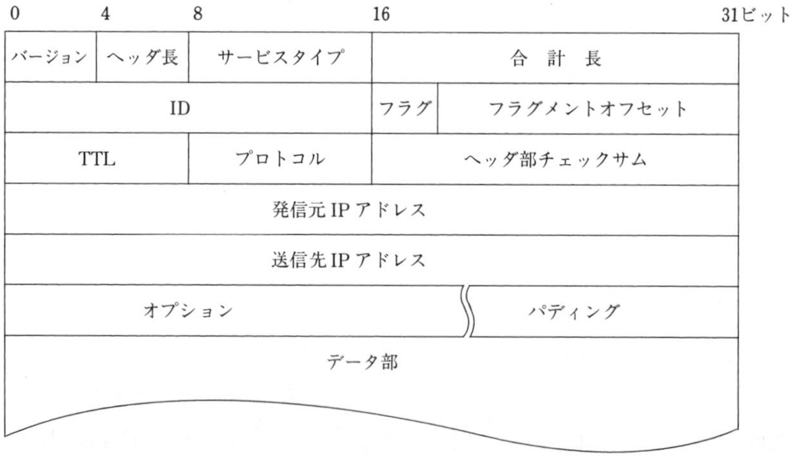

0	4	8	16	31ビット
バージョン	ヘッダ長	サービスタイプ	合計長	
ID			フラグ	フラグメントオフセット
TTL		プロトコル	ヘッダ部チェックサム	
発信元IPアドレス				
送信先IPアドレス				
オプション				パディング
データ部				

図7.7 IPデータグラムのフォーマット（RFC791）

サービスタイプ（service type）フィールドには，通信の優先度と品質に関する情報が指定される．緊急度の高いデータグラムに対しては，優先度として大きな値を指定する（範囲は0～7）．なお，通常のデータグラムでは優先度の値は0である．品質については，遅延・スループット・信頼性を表す3つのビットにより指定する．データグラムの転送時に利用可能な複数の経路の内から1つの経路を選択する際の指標としてこれらの3つのビットの値が用いられ，なるべく要求に応じた経路が選択される．

合計長フィールドには，ヘッダ部とデータ部を合わせたデータグラム全体の長さを指定する（単位はオクテット）．

ID（identification）フィールドには，データグラムを識別するための番号が上位層により割り当てられる．後述するデータグラムの分割と再構成の際にこのIDフィールドが用いられる．

フラグ（flags）フィールドは3ビットのフラグからなり，下位2ビットがデータグラムの分割と再構成の際に用いられる．3ビットのうち中央のビットは，データグラムの分割を禁止することを意味するフラグである．最下位のビットは，データグラムが分割されたもの（**フラグメント**）が元のデータグラムの途中であり，他のフラグメントが後続することを意味するフラグである．

フラグメントオフセット（fragment offset）フィールドには，分割される前のデータグラムにおけるフラグメントの位置（単位は8オクテット）を指定する．分割されていないデータグラムの場合にはフラグメントオフセットフィールドの値は0である．

TTL（time to live）フィールドには，データグラムがネットワーク上に存在することができる時間を指定する．誤った経路情報によりループ状の経路が選択された場合でも，このフィールドを用いることにより永久にネットワーク上に存在し続けることはなくなるので，ネットワークの各種リソース（resource，コンピュータとか通信資源）を無駄に消費することを回避できる．

プロトコル（protocol）フィールドには，このデータグラムを利用している上位層のプロトコルを数値により指定する．たとえば，上位層のプロトコルがTCPの場合には6，UDPの場合には17を指定する．

ヘッダ部チェックサムフィールドはヘッダ部（バージョンフィールド～パデ

ィング）の誤り検出のために用いられる．ヘッダ部を 16 ビットずつのワードと考えて各ワードを 1 の補数での加算により合計し，求めた和の各ビットを反転した値をチェックサムとして用いる（詳細については RFC 1071 を参照していただきたい）．

発信元 IP アドレスフィールドと送信先 IP アドレスフィールドには，データグラムの転送を行う発信元ホストと送信先ホストの IP アドレスを指定する．

オプション（options）フィールドは必要に応じて用いられるフィールドであり，長さは可変である．主に経路の指示や経路情報の収集などに用いる．

パディング（padding）はヘッダ部とデータ部との境界が 32 ビットの倍数となるように調整する目的で付加されるフィールドであり，情報は含まない．

データ部には上位層から通信要求のあったデータ（TCP セグメントや UDP データグラムなど）が格納される．

(b) データグラムの分割と再構成

図 7.8 のようなインターネットにおいて，ネットワーク A に接続されているホスト 1 からネットワーク D に接続されているホスト 2 へ対して，図 7.9（a）に示した IP データグラムを転送する場合を考えてみる．

IP データグラムを転送するための経路として「ホスト 1 → ネットワーク A → ルータ 1 → ネットワーク C → ルータ 4 → ネットワーク D → ホスト 2」の経路が選択されたとする．ホスト 1 はルータ 1 へネットワーク A を介して図 7.9（a）に示すデータグラムを転送することができるが，ルータ 1 はルータ 4 へネットワーク C を介して（このままの形では）データグラムを転送することができない．その理由は，各ネットワークには**最大転送単位**（MTU, maximum transfer unit）という物理フレームの最大長の制限が設定されているからである．この例では，ネットワーク A の MTU は 1500 オクテットであり，ネットワーク C の MTU は 300 オクテットである．一方，図 7.9(a) の IP データグラムの合計長は 620 オクテットであり，実際には物理フレームであるイーサネットフレームのデータフィールドの中にこのデータグラムを入れるのでさらに長いデータとなる．すなわち，ネットワーク C 上では 300 オクテット以上の長さをもつパケットを転送することを制限しているので，このままの形

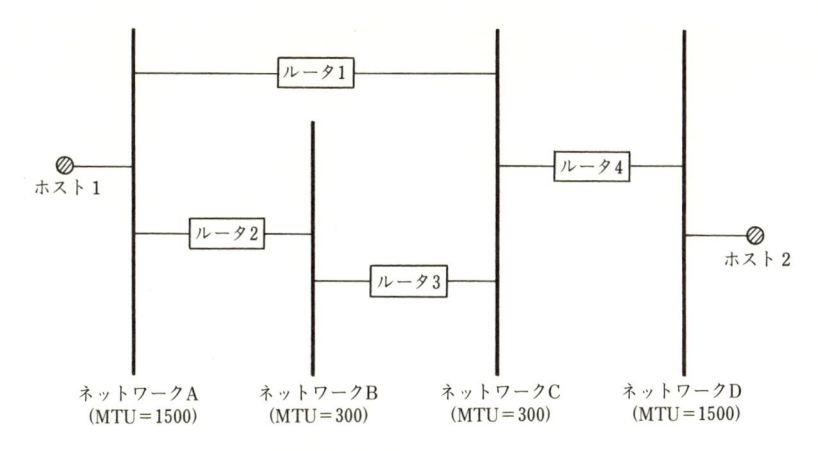

7.2 TCP/IP のネットワーク層

図7.8 IPデータグラムのフラグメント化が生じる例

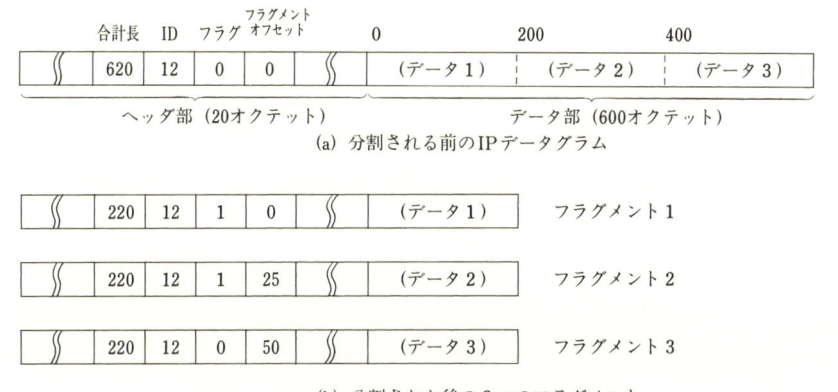

図7.9 IPデータグラムのフラグメント化（分割）

ではデータグラムをルータ4へ送ることができない．そこで，データグラムをネットワークCが許容するサイズにまで小さく分割する処理をルータ2の内部で行う（図7.9(b)）．この処理のことを**フラグメント化**と呼び，分割されたそれぞれを**フラグメント**（fragment）という．

この例では，元のIPデータグラムを3つのフラグメントに分割している．まず，元のIPデータグラムのデータ部（600オクテット）を200オクテットずつの3つのデータ部（データ1〜3）に分割している．各フラグメントのヘ

ッダ部に，元のIPデータグラムのヘッダ部をコピーした後に，合計長，フラグ，フラグメントオフセットの各フィールドの値を各データグラムに応じて再設定する．合計長フィールドには，分割後のデータ部の長さとヘッダ部の長さの和を再計算して指定する．分割されたデータ部が元のIPデータグラムのデータ部の最後の部分に相当するフラグメント（この場合はフラグメント3）ではフラグフィールドに0を指定する．途中のデータ部を有するフラグメントではフラグフィールドに1を指定することで，後続するフラグメントが存在していることを表す．フラグメントオフセットフィールドには，元のIPデータグラムのデータ部における各フラグメントのデータ部の位置を指定する（単位が8オクテットであることに注意）．

このようなフラグメント化をルータ1で行うことで，ネットワークCのMTU制限内で3つのフラグメントをルータ4へ転送することを可能としている．そして，ルータ4は受け取った3つのフラグメントをホスト2にネットワークDを介して転送する．

ホスト2は分割された3つのフラグメントから元のIPデータグラムの再構成を行う．再構成を行うにはIDフィールドに同一の値をもつフラグメントを集めた上で，各フラグメントのオフセット位置に従いデータ部を連結していき，後続するフラグメントや失われたフラグメントがないことを確認すればよい．このようにして，ホスト1が送った元のIPデータグラムをホスト2で再構成することでIPデータグラムの転送を実現している．

7.2.5 ICMP（internet control message protocol）

ICMPは，ネットワークの異常や輻輳などの理由によりIPデータグラムを正しく転送できないエラーが生じたことを，IPデータグラムの発信元のホストに対して報告するためのプロトコルである．ここでは

(a) 送信先到達不能メッセージ

(b) 発信元抑制メッセージ

の2つの代表的なICMPメッセージについて述べる．

(a) 送信先到達不能メッセージ

要求されたIPデータグラムの転送を行うことができないときに，ルータ

7.2 TCP/IPのネットワーク層

タイプ	コード	チェックサム	未使用	IPデータグラムのヘッダ部とデータ部（64ビット分）
1オクテット	1オクテット	2オクテット	4オクテット	

図7.10 ICMP送信先到達不能メッセージとICMP発信元抑制メッセージのフォーマット（RFC 792）

（またはゲートウェイ）はIPデータグラムを送出したホストに**ICMP送信先到達不能メッセージ**を送る．このICMP送信先到達不能メッセージのフォーマットを図7.10に示す．

タイプ（type）フィールドにはICMPメッセージの種類を表す値が格納され，送信先到達不能メッセージを表す値は3である．

コード（code）フィールドには到達不能エラーの種類を表す値が格納される．コードフィールドに用いられる値は0〜5であり，各数値の意味を表7.2に示す．

表7.2 ICMPメッセージのコードフィールドの意味（RFC792）

コードフィールドの値	ICMPメッセージの意味
0	ネットワーク到達不能
1	送信先ホスト到達不能
2	プロトコル到達不能
3	ポート到達不能
4	フラグメントを必要とする
5	発信元での経路制御の失敗

チェックサム（checksum）フィールドはメッセージの誤り検出を行う目的に用いられる．このフィールドの値はIPデータグラムのチェックサムと同様の計算法により算出される．

そして，9オクテット目からの部分には，転送に失敗したIPデータグラムの「ヘッダ部」ならびに「データ部の先頭から64ビット分」の情報が格納される．

発信元のホストはこのICMPメッセージを受け取ることにより，どのIPアドレスへのIPデータグラムの転送が不可能であるかを知ることができる．

(b) 発信元抑制メッセージ

ネットワークの輻輳などの理由により経路上のルータ（またはゲートウェイ）や送信先ホストの許容処理量よりも多くのIPデータグラムが次々と転送されてきた場合，ルータや送信先ホストは発信元ホストに対して**ICMP発信**

元抑制メッセージを送る．

ICMP発信元抑制メッセージのフォーマットは先に述べたICMP送信先到達不能メッセージのフォーマット（図7.10）と同一である．チェックサムフィールドと転送に失敗したIPデータグラムに関するフィールドについては，ICMP送信先到達不能メッセージの場合と同様である．ただし，タイプフィールドに発信元抑制メッセージを表す値である4が指定される点と，コードフィールドに0が指定される点が異なる．

発信元のホストはこの発信元抑制ICMPメッセージを受け取ることにより，輻輳の発生を感知することができる．また，IPデータグラムを送り出す速度を下げることで輻輳を回避する処置を行うことができる．

7.3 TCP/IPのトランスポート層

TCP/IPのトランスポート層の役割は，上位層のアプリケーションプログラム間の通信を提供することである．ここでは，トランスポート層の代表的な2つのプロトコルである．

　　(1) UDP（user datagram protocol）
　　(2) TCP（transfer control protocol）
について述べる．

7.3.1　UDP（user datagram protocol）

IPは2つのホスト間における通信を提供している．さらに**UDP**では，各ホスト上で実行されているアプリケーションプログラム（プロセスまたはタスクと呼ばれることもある）間の通信を提供することができる．

アプリケーションプログラム間の通信の概念図を図7.11に示す．この例では，ネットワークにより結ばれているホスト1からホスト2へ遠隔ログインが行われている様子を表している．送信先と発信元となるアプリケーションプログラムは，**ポート**（プロトコルポート）と呼ばれる出入口を通じてデータの送受信を行う．各ホスト上ではソフトウェアにより論理的（抽象的）に複数のポートが準備されている．これらの各ポートには，**ポート番号**とそのポートを利

7.3 TCP/IPのトランスポート層

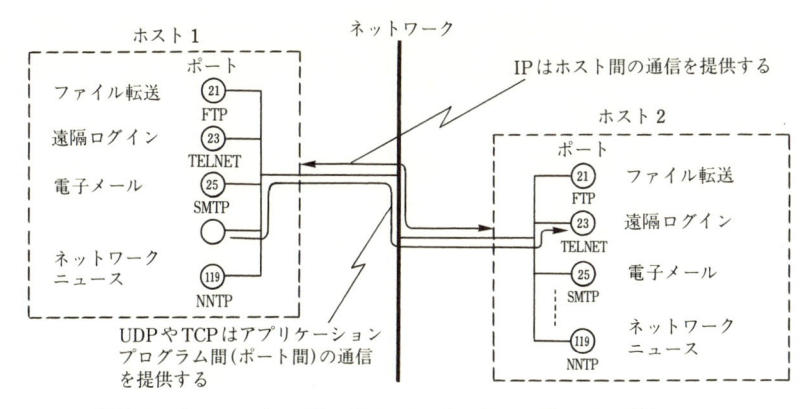

図7.11 トランスポート層のプロトコル（UDT, TCP）により提供されるアプリケーションプログラム間の通信

表7.3 主なポート番号と利用するアプリケーション
（詳細はRFC 1060参照）

ポート番号	キーワード	利用するアプリケーション
21	FTP	ファイル転送
23	TELNET	遠隔ログイン
25	SMTP	電子メール
42	NAMESERVER	ホストネームサーバ
53	DOMAIN	ドメインネームサーバ
79	FINGER	フィンガーコマンド
115	SFTP	シンプルFTP
119	NNTP	ネットワークニュース

用する目的（利用するアプリケーション）が規定されている．主なアプリケーションとポート番号との対応を表7.3に示す．

UDPでは**UDPデータグラム**というパケットを使用してポート（アプリケーションプログラム）間の通信を行う．このUDPデータグラムは図7.12に示すように，8オクテットのヘッダ部とデータ部から構成される．

発信元ポート番号フィールドと送信先ポート番号フィールドには，データを発信するホスト側のポート番号と受信するホスト側のポート番号をそれぞれ指定する．

ヘッダ部				
発信元ポート番号	送信先ポート番号	UDPデータグラム長	チェックサム	データ部
2オクテット	2オクテット	2オクテット	2オクテット	

図7.12　UDPデータグラムのフォーマット（RFC 768）

　UDPデータグラム長フィールドにはUDPデータグラムの全長（ヘッダ部＋データ部）の長さをオクテット数により指定する．
　チェックサム（checksum）フィールドには誤り検出のためのチェックサムが格納される．このフィールドはオプションとして取り扱われる．すなわち，チェックサムの付加を省略することもできる．チェックサムの省略は計算処理の軽減につながり，結果として転送速度のより高い通信の提供を可能とする．チェックサムの計算が省略された場合にはフィールドに0（すべてのビットが0）を指定する．なお，チェックサムを計算した結果が0となるときには，1の補数表現におけるもう1つの0（すべてのビットが1）を指定する．なお，UDPデータグラムに加えて図7.13に示した**UDP擬似ヘッダ**も対象としてチェックサムフィールドの値は算出される．すなわち

発信元アドレス	送信先アドレス	zero	プロトコル	UDPデータグラム長
4オクテット	4オクテット	1オクテット	1オクテット	2オクテット

図7.13　UDP擬似ヘッダのフォーマット（RFC 768）

① UDPデータグラムを作成する．チェックサムフィールドにはとりあえず0（すべてのビットが0）を指定しておく．
② UDPデータグラムの前にUDP擬似ヘッダが存在していると見なしてチェックサムを計算する（計算法はIPデータグラムのときと同様）．
③ 算出された値をチェックサムフィールドに入れる．
④ UDPデータグラムだけを発信する．UDP擬似ヘッダは発信しない．

という手順となる．
　以上に述べたUDPデータグラムを用いることで，UDPはポート間の通信を実現している．しかし，UDPデータグラムによる通信はあくまでも一方的な通信であり，途中でデータグラムが消失したり，一連のデータグラムの順序

が逆転したりしてもいっさい関知しない．このようなエラーの検出や回復のための処理は，UDP を利用する上位層のアプリケーションが必要に応じて行わなければならない．

7.3.2 TCP（transfer control protocol）

上述の UDP は通信のエラーの検出や回復の機能を有していないため，これらの処理を上位層のプロトコルが必要に応じて行わなければならなかった．しかし，ここで述べる **TCP** はエラー検出および回復の機能をも含んだプロトコルであり，アプリケーションプログラム間に「信頼性のある通信」を提供することができる．この通信は 2 つのポート間にあたかも専用回線が存在するかのように振舞い，一連のデータを順序どおりに転送できる回線（**ストリーム**）と見なすことができる．ここでは

　　(a) TCP セグメントのフォーマット

　　(b) コネクションの確立から切断までの処理

の 2 つの観点から TCP の概要を解説する．

(a)　TCP セグメントのフォーマット

図 7.11 に示した UDP により提供される通信と同様に，2 つのホスト上のポート（アプリケーションプログラム）間の通信が TCP により提供される．TCP におけるデータ転送の単位は**セグメント**（segment）と呼ばれるパケットであり，このフォーマットを図 7.14 に示す．以下，**TCP セグメント**の各フィールドの意味について述べる．

発信元ポート番号フィールドと送信先ポート番号フィールドには，データを発信するホスト側のポート番号と受信するホスト側のポート番号をそれぞれ指定する．

シーケンス番号フィールドは，セグメントのデータ部がストリーム上のどの位置にあるかを識別するために用いられる．たとえば，シーケンス番号が 100，データ部の長さが 200 オクテットの TCP セグメントを送出した直後の TCP セグメントでは，シーケンス番号として 300（＝100＋200）が指定される．

確認応答番号フィールドは，このフィールドに示されている位置までのデー

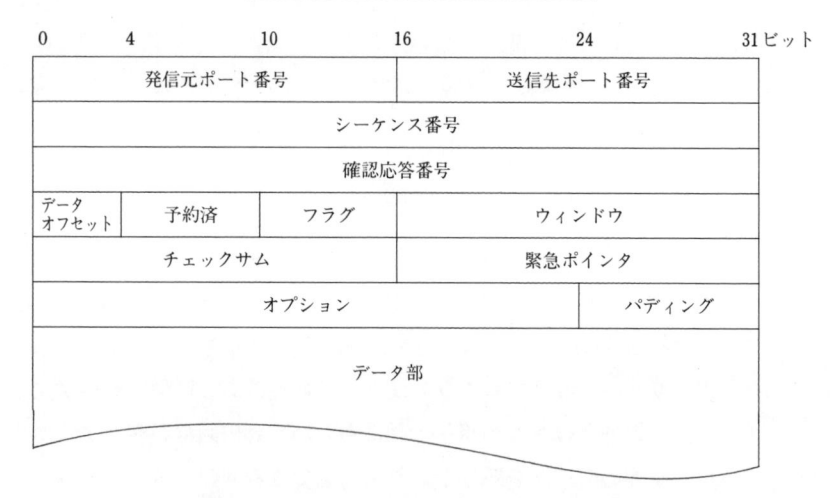

```
   0       4        10         16            24              31ビット
  ┌─────────────────────────┬──────────────────────────┐
  │    発信元ポート番号       │    送信先ポート番号        │
  ├─────────────────────────┴──────────────────────────┤
  │              シーケンス番号                          │
  ├────────────────────────────────────────────────────┤
  │              確認応答番号                            │
  ├──────┬──────┬──────────┬──────────────────────────┤
  │データ │予約済 │  フラグ   │      ウィンドウ            │
  │オフセット│     │          │                          │
  ├──────┴──────┴──────────┼──────────────────────────┤
  │     チェックサム          │     緊急ポインタ           │
  ├────────────────────────┴──────────┬───────────────┤
  │           オプション                │   パディング    │
  ├───────────────────────────────────┴───────────────┤
  │              データ部                              │
```

図7.14　TCPセグメントのフォーマット（RFC 793）

タについては正しく受信されていることを受信側のポートから発信側のポートへ通知するために用いられる．

データオフセット（data offset）フィールドにはTCPセグメントのヘッダ長を4オクテットを単位として指定する．後述のオプションフィールドが可変長であるため，ヘッダ部とデータ部の境界を知るために用いられる．

フラグ（control bits）フィールドは順にURG, ACK, PSH, RST, SYN, FINの6つのビットフラグにより構成されている．URGフラグとACKフラグは，それぞれ後述の緊急ポインタフィールドと前述の確認応答番号フィールドが効力をもつことを表している．PSHフラグは，受信側の受信バッファに蓄積されているデータを即時に上位層のアプリケーションプログラムに伝えることを指示するために用いられる．RSTフラグは，ネットワークの異常などの理由によりコネクションのリセット（切断）を指示する場合のフラグである．SYNフラグはコネクションの確立を指示するフラグであり，FINフラグはコネクションの終了を指示するフラグである．

ウィンドウ（window）フィールドは受信可能なデータのサイズを受信側から発信側に通知するのに用いられ，その単位は1オクテットである．したがって，発信側はこのフィールドにより通知されたサイズまではセグメントを連続

して一度に送出することが可能である．

チェックサム（checksum）フィールドには，TCPセグメントの誤り検出用のチェックサムを指定する．UDPの場合と同様に，図7.15に示す**TCP擬似ヘッダ**がTCPセグメントの前に存在すると仮定してチェックサムの計算を行う．なお，実際の送信ではTCP擬似ヘッダは送られない．

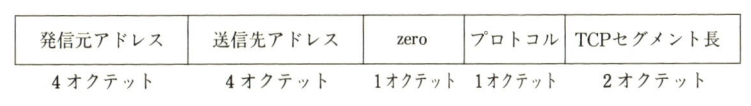

発信元アドレス	送信先アドレス	zero	プロトコル	TCPセグメント長
4オクテット	4オクテット	1オクテット	1オクテット	2オクテット

図7.15　TCP擬似ヘッダのフォーマット（RFC 793）

緊急ポインタフィールドには，通常のデータ通信処理よりも優先度を高めて処理すべきデータの最後の位置を指定する．この値はシーケンス番号からのオフセット値であるので，実際の緊急に処理すべきデータの最後の位置はシーケンス番号フィールドの値と緊急ポインタフィールドの値との和により求める．

オプション（options）フィールドは必要に応じて用いられる可変長フィールドである．このオプションフィールドの使用例としては，発信側と受信側との間で転送するセグメントの最大長の調整（打ち合わせ）などがある．

パディング（padding）はTCPセグメントのヘッダ部とデータ部との境界が32ビットの整数倍となるようにするために使用され，情報は有していない．

(b)　コネクションの確立から切断までの処理

ここでは，コネクションが確立されてから切断されるまでのTCPの動作を

(1)　コネクションの確立
(2)　確認応答と再送処理
(3)　フロー制御
(4)　コネクションの切断

の4つの処理に分けて説明する．

(1)　コネクションの確立

セッション層〜アプリケーション層の上位層は，確立したいコネクションを**ソケット**（IPアドレスとポート番号の組み合わせ）により指定する．この上位層の要求に対して，TCPは該当するコネクションがすでに存在していないことを確認の後，コネクション確立の動作に移る．コネクションの確立動作に

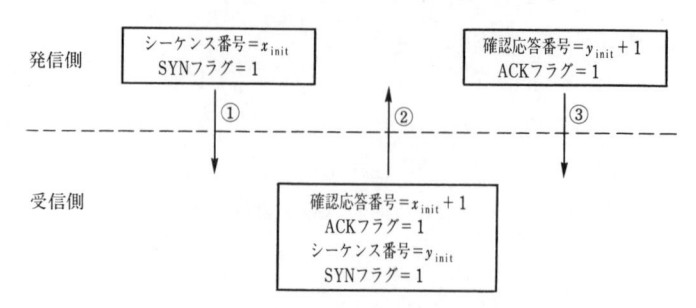

```
発信側  ┌─────────────────┐              ┌─────────────────┐
        │シーケンス番号=$x_{init}$│              │確認応答番号=$y_{init}+1$│
        │SYNフラグ=1      │              │ACKフラグ=1      │
        └─────────────────┘              └─────────────────┘
              ①           ②                    ③
        ─────↓────────────↑────────────────────↓──────────
受信側                ┌─────────────────┐
                     │確認応答番号=$x_{init}+1$│
                     │ACKフラグ=1      │
                     │シーケンス番号=$y_{init}$│
                     │SYNフラグ=1      │
                     └─────────────────┘
```

図 7.16 コネクション確立のための 3 ウェイハンドシェイク

は能動的確立と受動的確立の 2 種類があり，受動的確立の場合には相手のホストの TCP からの呼出し（コール）を待ち，能動的確立の場合には図 7.16 に示す **3 ウェイハンドシェイク**（3-way handshake）によりコネクションを確立する．ここでは能動的確立の処理を例として取り上げ，以下にその手順を示す．

まず図中の手順 ① では，シーケンス番号に初期値 x_{init} を指定し，SYN フラグに 1 をセットしたセグメントを発信側から受信側へ送信することによりコネクションの確立を要求する．

次に手順 ② では，受信側がコネクションの確立を承認する場合には

- 「発信側→受信側のシーケンス番号の初期値」として x_{init} を用いることを受理する意味で確認応答番号に $x_{init}+1$ を指定するとともに，ACK フラグに 1 をセットする．
- 「受信側→発信側のシーケンス番号の初期値」として y_{init} を用いることを要求する意味でシーケンス番号に y_{init} を指定するとともに，SYN フラグに 1 をセットする．

という処理により作成したセグメントを発信側へ送り返す．

そして手順 ③ では，「受信側→発信側のシーケンス番号の初期値」として y_{init} を用いることを受理する意味で確認応答番号に $y_{init}+1$ を指定するとともに，ACK フラグに 1 をセットしたセグメントを発信側から受信側へ送る．なお，このときのシーケンス番号は $x_{init}+1$ である．

以上のように 3 回のセグメントの転送を行うことによりコネクションを確立するので，このコネクション確立動作は 3 ウェイハンドシェイクと呼ばれてい

(2) 確認応答と再送処理

TCPでは，セグメントを正しく受け取った旨の確認応答が受信側のホストから得られるまで，発信側のホストは一定時間だけ待機した後に再送を繰り返し行う．次の再送までの待機時間を適切に設定することは重要である．この待機時間を過大にするとエラーが生じたときの再送が遅れてしまう．逆に過小にすると，受信側からの確認応答が帰ってくる前に無意味な再送を行ってしまう．この待機時間の設定を行うために，TCPはセグメントを送ってから確認応答が得られるまでの時間（**ラウンドトリップタイム**，round trip time）を測定している．このラウンドトリップタイムを参考にして，TCPは待機時間を動的に制御している．

正しくセグメントを受信することができた受信側のホストは，確認応答を発信側のホストへ送り返す．TCPの確認応答の仕組みでは，確認応答番号フィールドに記されている値までのセグメントについてはすべて正しく受信されていると判断される．したがって，途中のセグメントに対する確認応答がなくても，後続するセグメントに対する確認応答があれば，前者の確認応答は必要ないことに注意しなければならない．

(3) フロー制御

TCPでは，受信側のホストが発信側ホストに対してセグメントの転送速度を調整するように指示することにより**フロー制御**を行う．実際には，受信側から発信側へ送るセグメントのウィンドウフィールドの値により受信可能なデータのサイズを通知することでフロー制御を行っている．

(4) コネクションの切断

コネクションの切断は，図7.17に示したコネクション切断の手順に従って行う．

まず手順①では，発信側から受信側への方向のコネクションの切断を要求するために「シーケンス番号＝x_{end}，FINフラグ＝1」のセグメントを発信側から受信側へ送る．

手順②では，コネクションの切断要求を承認する意味で「確認応答番号＝$x_{end}+1$，ACKフラグ＝1」のセグメントを発信側へ送り返す．

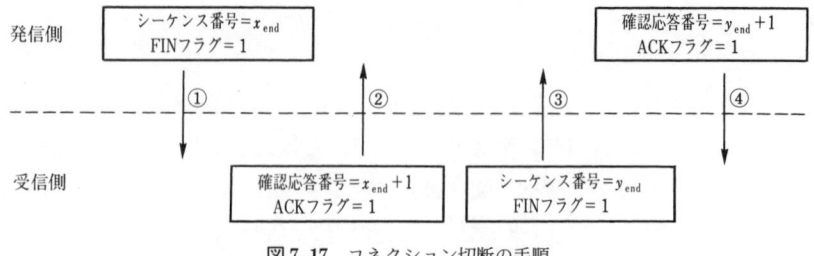

```
発信側  [シーケンス番号=x_end              [確認応答番号=y_end+1
         FINフラグ=1]                      ACKフラグ=1]
            ①       ②         ③              ④
受信側           [確認応答番号=x_end+1  [シーケンス番号=y_end
                  ACKフラグ=1]          FINフラグ=1]
```

図7.17 コネクション切断の手順

手順③では，受信側から発信側への方向のコネクションを切断するために，「シーケンス番号＝y_{end}，FIN フラグ＝1」のセグメントを受信側から発信側へ送る．

手順④では，受信側からの切断要求を承認する意味で「確認応答番号＝$y_{end}+1$，ACK フラグ＝1」のセグメントを発信側から受信側へ送る．

以上の手順により TCP はコネクションの切断を行う．

7.4 ネットワークセキュリティ

近年，企業や官庁のネットワークに侵入して破壊活動を行ったり，機密情報を盗み出すといった不正アクセスが急増している．このような不正アクセスの脅威から情報資産を守り，システムを安全かつ適正に運用することをセキュリティという．TCP/IP によるネットワーク通信においても，データリンク層からアプリケーション層のそれぞれにおいて，通信の安全性を保証するための暗号技術が用いられている．ここでは，まず暗号の仕組みと暗号化方式について説明した後，データリンク層，ネットワーク層，トランスポート層のそれぞれにおいて実装されている暗号化通信方式について解説する．

7.4.1 暗号の仕組み

暗号とは，何らかの通信文（文字列やビット列）を，第三者に内容を知られることなく特定の相手に伝送する仕組みである．図7.18は，送信者 A が通信文の内容を，第三者 C に解読できないような形式に変換して，特定の受信者 B に送信する様子を示したものである．ここで元の通信文を平文（plain

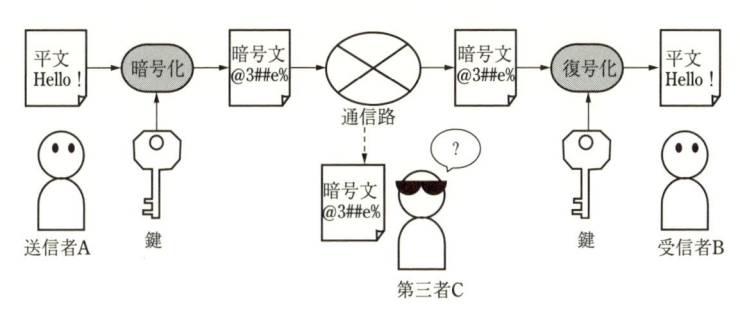

図7.18 暗号の仕組み

text），変換された通信文を暗号文（cipher text）という．また，平文を暗号文に変換することを**暗号化**（encryption），その逆を**復号化**（decryption）という．

通信文を暗号化する際には，**鍵**（key）と呼ばれる付加情報が必要であり，この鍵がなければ容易に復号化できないようになっている．送信者と受信者があらかじめ鍵の情報を交換しておくことで，鍵をもった正当な受信者のみが暗号文を復号化することができる．一方，無関係な第三者が何らかの手段で暗号文を入手しても，鍵がない限り復号化することはできない．

通信文を安全に伝送するためには，暗号による**機密性**（confidentiality）すなわち第三者から内容を秘匿するだけでは十分ではない．通信文が改竄されていないか，また間違いなく意図した送信者本人から発信されたものかどうかを保証しなければならない．このような性質を**正当性**（integrity）という．機密性と正当性を保証するため，送信者と受信者の間で暗号化方式や鍵の情報についてあらかじめ合意しておく必要がある．

7.4.2 暗号化方式

暗号化と復号化の際に同じ鍵を用いるものを**共通鍵暗号**（common-key cryptography）あるいは対称鍵暗号（symmetric-key cryptography），異なる鍵を用いるものを**公開鍵暗号**（public-key cryptography）という．

(a) 共通鍵方式

共通鍵方式は，同じ鍵（共通鍵）を用いて暗号化と復号化を行う方式である．したがって，通信文の機密性を守るためには，送信者と受信者のみによっ

て鍵が保持され，他者に漏洩しないように秘密にしておかなければならない．共通鍵方式の暗号は歴史的にも古く，初期にはシーザー暗号や換字暗号など文字の置換に基づいた暗号方式が用いられていた．現代では，DES (data encryption standard)，DES を多重化した Triple DES, AES (advanced encryption standard) などが利用されている．

(b) 公開鍵方式

共通鍵方式の欠点は，あらかじめ送信者から受信者（あるいはその逆）に鍵を渡さなければならず，この過程において鍵の漏洩が起こる危険性が高いという点である．これに対し，公開鍵暗号化方式は事前に秘密とすべき鍵を交換する必要がない．この方式は，相補的な働きをする1対の公開鍵 (public key) と私有鍵 (private key) とを利用するものである．私有鍵は所有者のみが保持し，他人にはいっさい公開しない．その一方で，公開鍵は他人に対して自由に公開することができる．公開鍵によって暗号化された文は，対をなす秘密鍵によってのみ復号化することが可能であるという性質をもつ．図7.19は，この公開鍵暗号を利用して送信者 A から受信者 B に暗号化通信を行う過程を示したものである．

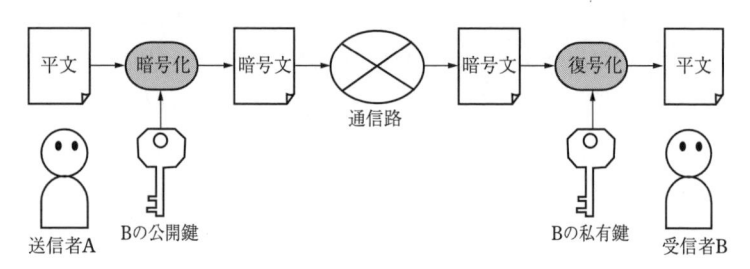

図 7.19　公開鍵方式

(1) A はあらかじめ B の公開鍵を入手しておく．
(2) A はこの公開鍵を用いて通信文を暗号化し，B に送信する．この暗号文は，B の私有鍵によってのみ復号化することができるため，B 以外の何者からも通信内容を秘匿することができる．
(3) B は暗号文を受信し，自分の私有鍵を用いて元の通信文に復号化する．

公開鍵暗号としては，RSA (Rivest-Shamir-Adleman) 暗号，ElGamal 暗

号，楕円曲線暗号などがあり，このうち RSA 暗号は情報通信に広く利用されている．一方，公開鍵暗号は一般に共通鍵方式に比べて計算コストが高いという欠点ももっている．

7.4.3 データリンク層のセキュリティ

データリンク層の伝送方式としては，5章で述べたイーサネットや無線 LAN などが用いられているが，特に無線 LAN は電波によって通信を行うため，第三者による信号の傍受を防ぐことは難しい．このため，仮に傍受された場合でも通信内容を容易には解読させない仕組みが用意されている．ここでは，無線 LAN の技術標準である IEEE 802.11 で規定されたセキュリティ技術である **WEP**（wired equivalent privacy）の仕組みを説明する．

WEP によるフレームの暗号化の過程を図 7.20 に示す．WEP は RC 4（Rivest's Cipher 4）というアルゴリズムにより通信文の暗号化を行う．暗号化の鍵は，24 ビットの初期化ベクトル（IV）と，あらかじめ端末と基地局の間で合意された 40 ビットの共通鍵から合成する．また，104 ビットの共有鍵（初期化ベクトルと合わせて 128 ビットの RC 4 鍵）を用いる方式も利用されている．初期化ベクトルは，通信時に乱数として生成されるため，暗号化されない状態でフレームに挿入される．

一方で，この初期ベクトルが暗号化されずに送信されることが，後に WEP の致命的な弱点となることが知られ，現在では WEP をベースに暗号化アルゴリズムや正当性の検証などを改良した WPA（Wi-Fi Protected Access）や

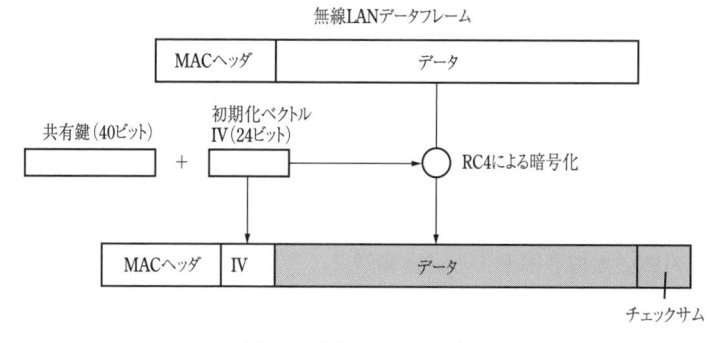

図 7.20 WEP による暗号化

WPA 2（IEEE 802.11 i 準拠）が規定されている．

7.4.4 ネットワーク層のセキュリティ

　TCP/IP のネットワーク層，すなわち IP データグラムのレベルでセキュリティを確保するためのプロトコル群として，**IPsec**（IP security）がある．トランスポート層以上の通信における共通の暗号化基盤として，暗号化が行われていることを意識することなくさまざまなアプリケーションで利用することができる．

　IPsec は次の 3 つのプロトコルから構成されている．

　　(a) IKE（internet key exchange）
　　(b) ESP（encapsulating security payload）
　　(c) AH（authentication header）

以下，これらの概要について解説する．

(a) IKE（internet key exchange）

　IPsec による通信の最初の段階として，通信を行う双方のホストで暗号化方式（アルゴリズム）や鍵に関して合意を形成しておく必要がある．この合意を SA（security association）という．この SA を確立するための折衝の手順が IKE であり，RFC 2409 で規定されている．IPsec では，暗号化アルゴリズムは特に規定されず，製品の実装に応じてさまざまなアルゴリズムが柔軟に利用できるようになっている．ただし，最低限の SA を確保するために DES の実装は必須となっている．

　IKE は，図 7.21 に示すように 2 つのフェーズで構成されている．

　フェーズ 1 では，次のフェーズ 2 の内容を暗号化するためだけに使用される SA を折衝・合意する．フェーズ 1 には，メインモードとアグレッシブモードの 2 種類の手順が定義されているが，ここではメインモードについて説明する．

　まず手順 ① では，通信の開始側が，フェーズ 2 の暗号化のために利用可能な暗号化方式の候補を提案する．応答側は，このうち 1 つだけを選んで返答する．

　手順 ② では，双方で共通の鍵を生成するためのアルゴリズムである Diffie-

7.4 ネットワークセキュリティ

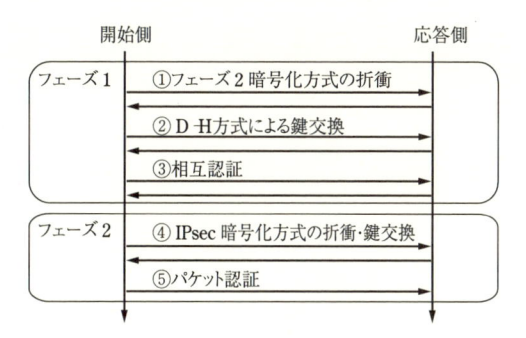

```
開始側                                    応答側
┌─────────────────────────────────────────────┐
│ フェーズ1   ①フェーズ2暗号化方式の折衝          │
│            ②D-H方式による鍵交換               │
│            ③相互認証                         │
├─────────────────────────────────────────────┤
│ フェーズ2   ④IPsec暗号化方式の折衝・鍵交換      │
│            ⑤パケット認証                     │
└─────────────────────────────────────────────┘
```

図 7.21　IKE による IPsec 開始手順

Hellman 方式に基づき，必要な値の交換を行う．

手順③では，互いに相手が正当な通信相手であることを認証するための証明書を交換する．

続いてフェーズ 2 では，フェーズ 1 で確立された SA による暗号化通信を行い，以後の IPsec で使用する SA を新たに折衝する．フェーズ 2 ではクイックモードという手順が定義されており，以下ではそれについて説明する．

手順④では，IPsec で使用する SA（暗号化方式の決定と鍵交換）を折衝・合意する．ここでは，同時に複数の SA を折衝することができる．

手順⑤では，開始側から応答側に，手順④でのやり取りを認証するためのハッシュ値を送信する．

以上の手順により，以後の IPsec による通信（ESP および AH）で使用される暗号化方式や鍵に関する SA が確立される．

(b)　ESP（encapsulating security payload）

暗号化された通信文本体を ESP，あるいは暗号ペイロードといい，その形式は RFC 2406 で規定されている．図 7.22 にその形式を示す．

図 7.22 において，SPI（security parameters index）フィールドは IKE によって確立された SA の方式を識別する整数である．また，シーケンス番号フィールドは ESP パケットの通し番号，ペイロードデータは暗号化されたデータの本体である．パディングフィールドは，ペイロードを既定のデータ境界に合わせるためのパディング（穴埋め）であり，パディング長フィールドにそのバイト数が格納されている．次ヘッダフィールドには，ペイロードに含まれる

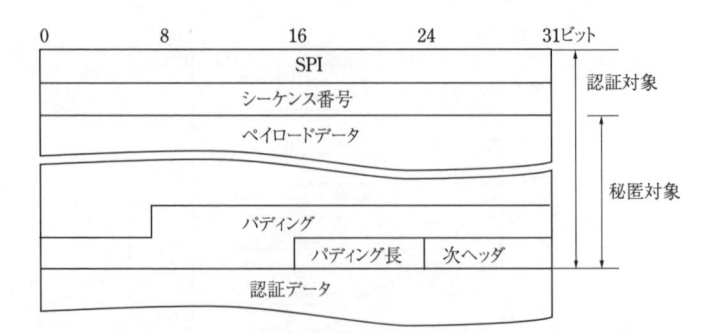

```
 0        8        16              24        31ビット
┌─────────────────────────────────────────────┐
│                    SPI                       │ ┐
├─────────────────────────────────────────────┤ │認証対象
│                シーケンス番号                  │ │
├─────────────────────────────────────────────┤ │
│                ペイロードデータ                │ │ ┐
│                                              │ │ │
├──────────────┬──────────────────────────────┤ │ │秘匿対象
│              │        パディング              │ │ │
│              ├───────────────┬──────────────┤ │ │
│              │   パディング長  │   次ヘッダ    │ ┘ │
├─────────────────────────────────────────────┤   │
│                  認証データ                   │   ┘
└─────────────────────────────────────────────┘
```

図 7.22 ESP パケットのフォーマット（RFC 2406）

データのタイプを識別する番号が格納されている．認証データフィールドは，ペイロードの正当性を認証するためのデータが格納されている．

IPsec では，通信の形態に応じて，トランスポートモードとトンネルモードの 2 種類の通信モードが規定されており，それぞれ暗号化と認証の対象範囲が異なる．図 7.23 はそれぞれのモードにおける ESP パケットの形式を表したものである．

図 7.23 において，ESP ヘッダから ESP 認証までが上述の ESP パケットに相当し，ハッチングを施した部分が暗号化されたペイロードである．またパケット認証の対象となる範囲も図に示すとおりである．

トランスポートモードでは，暗号化されるのは IP データグラムのデータ部のみであり，元の IP データグラムの発信元・送信先 IP アドレスがそのまま利用されるため，主にホスト間の暗号化通信に用いられる．

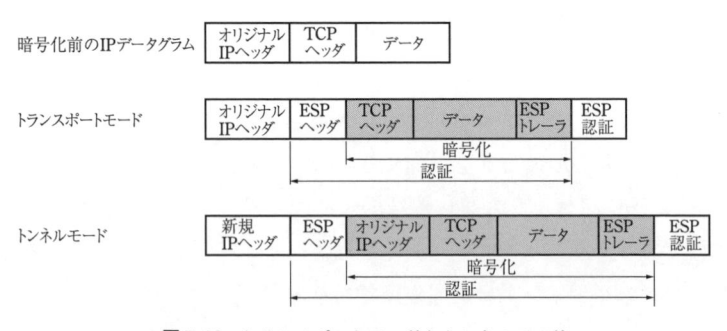

```
暗号化前のIPデータグラム    │オリジナル│ TCP │         │
                         │IPヘッダ │ヘッダ│  データ  │

トランスポートモード      │オリジナル│ ESP │ TCP │      │ ESP │ ESP │
                         │IPヘッダ │ヘッダ│ヘッダ│ データ│トレーラ│ 認証 │
                                  └─────────────暗号化────────┘
                                  └──────────────認証──────────────┘

トンネルモード           │ 新規  │ ESP │オリジナル│ TCP │     │ ESP │ ESP │
                        │IPヘッダ│ヘッダ│IPヘッダ │ヘッダ│データ│トレーラ│ 認証 │
                                └──────────────暗号化──────────────┘
                                └───────────────認証────────────────┘
```

図 7.23 トランスポートモードとトンネルモード

一方トンネルモードでは，主にネットワーク間を暗号化された通信路で結ぶために利用されるものであり，元のIPヘッダごと暗号化され，送信先ネットワークのゲートウェイを指定したIPヘッダが新たに付加されて転送される．このようにネットワーク間の通信を暗号化する技術をVPN（virtual private network）という．

(c) AH（authentication header）

IPデータグラムの正当性を保証するために利用されるのがAH（認証ヘッダ）である．AHはESPから暗号化の機能を除いたものであり，図7.24に示すような形式になっている．

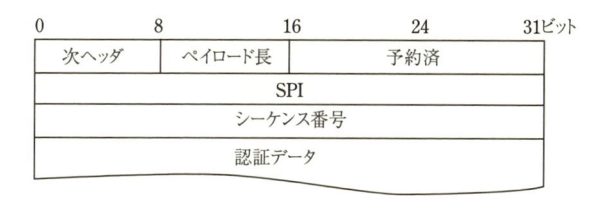

0	8	16	24	31ビット
次ヘッダ	ペイロード長	予約済		
SPI				
シーケンス番号				
認証データ				

図7.24 AHパケットのフォーマット（RFC 2402）

AHパケットのそれぞれのフィールドの意味は，ESPパケットに準じる．AHパケットにもトンラスポートモードとトンネルモードが用意されている．

7.4.5 トランスポート層のセキュリティ

上述のIPsecはネットワーク層においてIPデータグラムを暗号化するために利用されるのに対し，ここで説明するSSL/TLS（Secure Socket Layer/Transport Layer Security）はトランスポート層における暗号化通信を実現するものである．SSLは，Webブラウザにおいて暗号化通信を行うためにNetscape Communications社によって開発されたものであるが，その後IETFに開発が引き継がれ，名称をTLSと改めて標準化された．以下では，RFC 2246で規定されたTLSバージョン1.0について解説する．

まず，TLSの構成と上位・下位層との関係を図7.25に示す．

TLSはTLSレコードプロトコルとTLSハンドシェイクプロトコルの2層で構成されている．特に，TLSレコードプロトコルの層をレコード層という．

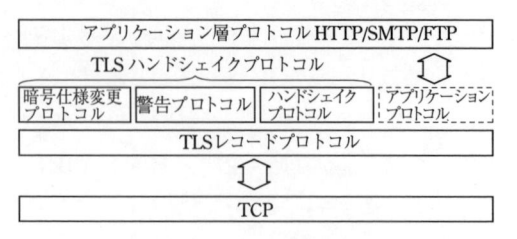

図7.25 TLSの階層構造

HTTPやSMTP，FTPといった上位層のアプリケーションのデータは，アプリケーションデータプロトコルを介してレコード層によって伝送される．それぞれのプロトコルについて，以下に解説する．

(a) TLSレコードプロトコル

TLSレコードプロトコルは，TLSの下位層に当たるレコード層を司るプロトコルである．レコード層では，上位層から受け渡されたデータを，適当な長さのブロックに分割し，データを圧縮し，認証用のデータを適用し，さらに暗号化して下位のTCP層に渡す．また，下位のTCP層から受け渡されたデータを復号化し，検証し，展開して正しい順に組み立てる．図7.26はその処理過程を示したものである．以下にその手順を説明する．

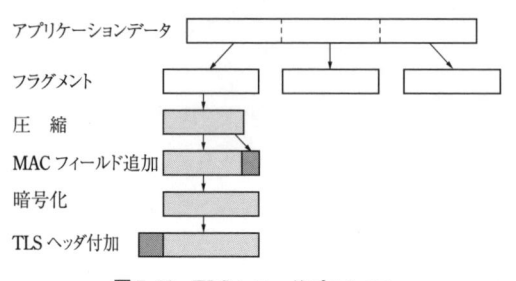

図7.26 TLSレコードプロトコル

(1) 上位層のデータは214バイト以下のフラグメントとして分解される．上位層のデータ境界は保持されないため，複数の上位データが1つのフラグメントに結合されたり，1つのデータが複数のフラグメントに分割される場合がある．

(2) セッションで規定された圧縮アルゴリズムを用いてフラグメントを圧縮する.
(3) データの正当性を保証するためのMAC (message authentication code) 値が計算され，フラグメントに追加される．これは，セッションの両端で共有される鍵を用いて，データの一方向ハッシュ値を計算したものである．MACはシーケンス番号を含んでいるため，紛失，超過，繰り返しを検出することができる．
(4) MACフィールドを含むデータ全体を，共通鍵方式により暗号化する．ここでは任意長のデータを暗号化できるストリーム暗号，および固定長のブロックごとに暗号化するブロック暗号のいずれかを利用することができる．
(5) TLSヘッダを付加する．TLSヘッダは，データ内容のタイプ（暗号仕様変更プロトコル，警告プロトコル，ハンドシェイクプロトコル）を識別する整数値，プロトコルのバージョン，ブロック長からなっている．

以上の手順により，TCP層の上位に機密性と正当性を保証したデータ通信路を確立することができる．

(b) TLSハンドシェイクプロトコル

TLSは，暗号方式や電子署名方式，一方向ハッシュ関数などを部品のように交換することが可能な，自由度の高い暗号化通信の枠組みを提供している．このため，上述のレコード層を通して暗号化通信を行うために，セキュリティパラメータの合意，相互認証，折衝済みのセキュリティパラメータの生成，エラー状態の通知といった双方向の通信制御を行うプロトコル群が定義されている．これがTLSハンドシェイクプロトコルであり，以下の3つのサブプロトコルから構成される．

- ハンドシェイクプロトコル (handshake protocol)
- 暗号仕様変更プロトコル (change cipher spec protocol)
- 警告プロトコル (alert protocol)

ハンドシェイクプロトコルは，TLSクライアント・サーバ間における暗号化方式の折衝や鍵交換を行うためのプロトコルである．ハンドシェイクプロトコルの手順を図7.27に示す．

```
                クライアント側              サーバ側
① ClientHello
                    ──────────────→
                                    ② ServerHello
                                       Certficate*
                                       ServerKeyExchange*
                                       CertificateRequest*
③ Certificate*                         ServerHelloDone
  ClientKeyExchange
  CertificateVerify*
                    ←──────────────
④ ChangeCipherSpec
  Finished
                    ──────────────→
                                    ⑤ ChangeCipherSpec
                                       Finished
⑥ Application Data  ←──────────────

                                * 状況によって省略される場合がある
```

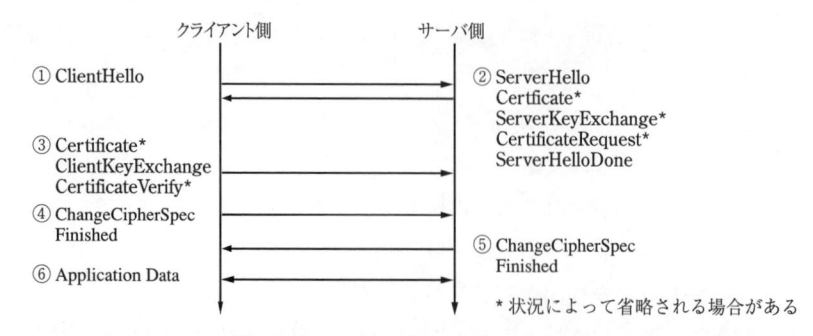

図 7.27　ハンドシェイクプロトコルの手順

まず手順①では，クライアントがサーバに対し ClientHello メッセージを送信する．このメッセージには，クライアントが使用可能な暗号スイート（暗号化方式や署名方式，ハッシュ関数などの組み合わせ）と圧縮アルゴリズムのリストが含まれる．

手順②では，サーバが ServerHello メッセージで応答する．このメッセージには，手順①の提案のうちサーバ側で利用可能な暗号スイートと圧縮アルゴリズムが含まれており，これにより合意が形成される．さらに，選択された暗号スイートによっては，この直後にサーバの証明書（Certificate メッセージ），サーバの公開鍵（ServerKeyExchange メッセージ），またクライアントの証明要求（CertificateRequest メッセージ）を送信する必要がある．必要なメッセージをすべて送信した後，ServerHelloDone メッセージを送信する．

手順③では，手順②で合意した暗号スイートに応じて，クライアントの証明書（Certificate メッセージ）を送信する．続いて，クライアントの公開鍵（ClientKeyExchange メッセージ）を送信する．また，Certificate メッセージを送信した場合のみ，証明書を検証するための CertificateVerify メッセージを送信する．

手順④では，ここまでに合意・認証した暗号仕様に従い，通信方式を切り替える．これは暗号仕様変更プロトコルに含まれる ChangeCipherSpec メッセージによって行われる．そして，新しい暗号仕様のもとで，Finished メッセージを送信する．

手順⑤では，サーバからクライアントに対し ChangeCipherSpec メッセー

ジと Finished メッセージを送信する.

手順⑥では,ここまでに確立した安全な暗号化通信路の上で,HTTP や SMTP といった上位プロトコル(アプリケーションデータプロトコル)による通信が開始される.

演習問題

7.1 IP ネットワークにおける TCP/IP プロトコルと OSI 階層モデルとの関係を示せ.
7.2 ARP と RARP はどのような目的で使用されるのか.
7.3 IP データグラムには伝送したいデータ,発信元 IP アドレス,発信先 IP アドレス以外にどのような情報を含んでいるか.
7.4 UDP に比べ TCP は「信頼性のある通信」といえる.それはなぜか.
7.5 任意長のデータ列を要約し,1つの値を計算する関数をハッシュ関数,またその値をハッシュ値という.一般に,元のデータ列が異なれば,計算されるハッシュ値も異なる値となる.このハッシュ値と公開鍵暗号方式を用いて,通信文の正当性を保証する電子署名を実現するにはどうすればよいか.

8 インターネット

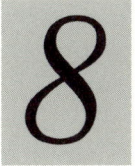

　近年，企業・大学・官庁などにおいてコンピュータネットワークの導入が盛んに行われ，それらのネットワークのいくつかはインターネットに接続されている．インターネット（Internet）は「複数のコンピュータネットワークが相互接続された結果として生まれた1つの巨大なコンピュータネットワーク」と見なすことができ，現在では数千万のネットワークと数億台のコンピュータが接続されている．このインターネットに接続されたコンピュータ上では，電子メールの送受信や各種ファイルの転送などのさまざまな機能（アプリケーション）がTCP/IPプロトコルによって提供されている．

　この章では，インターネットで利用されている数多くのアプリケーションの中から主要なものを取り上げ，その概要について解説を行う．（詳細な事項については参考文献(1)-(6)やRFCなどを参照して頂きたい．）

8.1　インターネット

8.1.1　インターネットとInternet

「インターネット」という言葉は，大きく分けて次の2つの意味で用いられることが多い．
　(1) 複数のコンピュータネットワークを相互に接続したネットワークの総称．

(2) アメリカ国防総省高等研究計画局（Defense Advanced Research Projects Agency, DARPA）が1969年に構成したARPANETが発展，拡張されたネットワーク（(1)の意味と区別する必要がある場合にはInternetと表記する）．

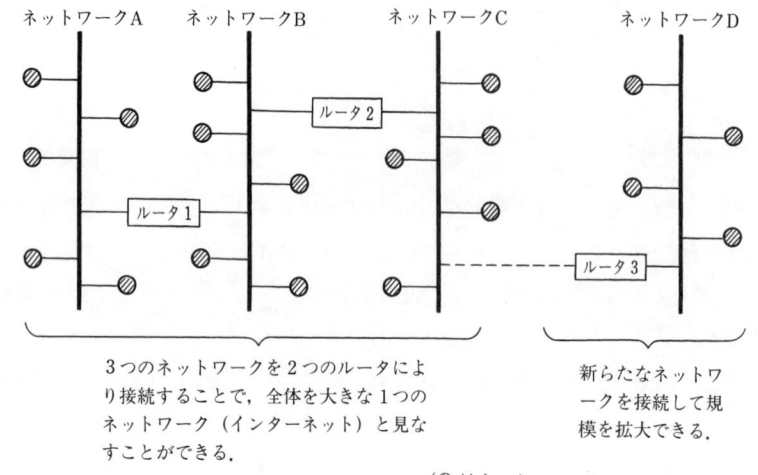

```
ネットワークA    ネットワークB    ネットワークC         ネットワークD
                    ルータ2
      ルータ1
                                         ルータ3
```

3つのネットワークを2つのルータにより接続することで，全体を大きな1つのネットワーク（インターネット）と見なすことができる．

新たなネットワークを接続して規模を拡大できる．

（◎はネットワーク上のコンピュータ）

図8.1 ネットワークの相互接続（インターネット）の例

　まず，(1)の意味で用いられるインターネットの例を図8.1に示す．この例では，ルータ1, 2を介して3つのネットワークA, B, Cを相互に接続している．ルータは，ルータに接続されているネットワーク間でパケットを転送する機能を有している．したがって，隣接するネットワーク間（A-B間やB-C間）でのデータ通信を行うことができる．また，直接には接続されていないA-C間においても，「ネットワークA→ルータ1→ネットワークB→ルータ2→ネットワークC」の順序でパケットを転送することでデータ通信が可能となる．さらに，データ通信を行う範囲を広げるには，次々に新たなネットワークを新たなルータを介して接続すればよい（図中のルータ3とネットワークD）．このように，相互に接続されたインターネット上の任意のコンピュータ間においてデータ通信を行うことができる．

(2) の意味で用いられる Internet は，ネットワーク間の相互接続に関する研究を行うための実験ネットワークであった ARPANET に対して，企業・大学・官庁などが次々に接続を行った結果として構築された巨大なインターネットのことである．現在では，Internet には数千万のネットワークと数億台のコンピュータが接続されており，その範囲はアメリカ，ヨーロッパ，オーストラリア，アジア，日本など非常に広範囲に及んでいる．この Internet も (1) の意味のインターネットのうちの 1 つである．したがって，両者を特に区別する必要がない場合には単にインターネットと表記する．

8.1.2　アプリケーションプログラムとプロトコルポート

インターネットの利用法として，電子メールの送受信やホームページの閲覧などが広く知られている．これらのアプリケーションプログラム（プロセスまたはタスクと呼ばれることもある）は，手元のコンピュータとインターネット上にある遠方のコンピュータとの間で TCP/IP のトランスポート層を利用した通信を行うことで実現されている．

アプリケーションプログラム間の通信の概念図を図 8.2 に示す．この例では，ネットワークにより結ばれているホスト 1 からホスト 2 へ遠隔ログインが行われている様子を表している．送信先と発信元となるアプリケーションプログラムは，ポート（プロトコルポート）と呼ばれる出入口を通じてデータの送

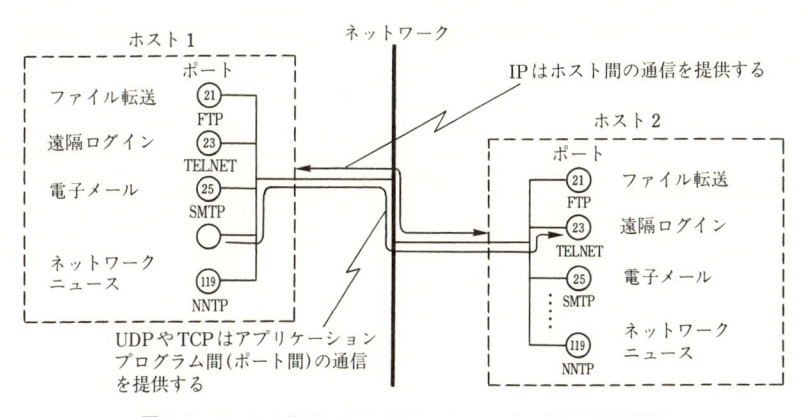

図 8.2　ポートを使用したアプリケーションプログラム間の通信

表 8.1 主なポート番号と利用するアプリケーション
（詳細は RFC 1060 参照）

ポート番号	キーワード	利用するアプリケーション
21	FTP	ファイル転送
23	TELNET	遠隔ログイン
25	SMTP	電子メール
42	NAMESERVER	ホストネームサーバ
53	DOMAIN	ドメインネームサーバ
79	FINGER	フィンガーコマンド
115	SFTP	シンプル FTP
119	NNTP	ネットワークニュース

受信を行う．各ホスト上ではソフトウェアにより論理的（抽象的）に複数のポートが準備されている．これらの各ポートには，ポート番号とそのポートを利用する目的（利用するアプリケーション）が規定されている．主なアプリケーションとポート番号との対応を表 8.1 に示す．

8.2　DNS

電子メールや Web ブラウザなどのインターネットを利用したアプリケーションを使用する際に，メールの送信先や Web コンテンツの取得元を指定する必要がある．インターネット上に接続された膨大な数のコンピュータの中から，特定のコンピュータを指定する方法を提供するのが DNS(Domain Name System)である．

8.2.1　ホスト名とドメイン名

インターネットに接続されている各コンピュータには IP アドレスという固有の番号が割り当てられているので，IP アドレスを使えば特定のコンピュータを指定することができる．ところが，IP アドレスは 4 バイトの数字の羅列でありコンピュータにとっては処理しやすい形式ではあるが，人間にとってはわかりづらい形式である．また，メールアドレスや URL などは人々の間で交

8.2 DNS

換したりするので，人間にとって理解しやすい表現方法である方が好ましい．そこで現在では，人間にとってわかりやすい文字列でコンピュータに名前をつけており，この名前を FQDN (Full Qualified Domain Name) と呼んでいる．

一例として「casper.cs.osakafu-u.ac.jp」という FQDN について考えてみよう．この FQDN はピリオドで区切られた 5 つの部分により構成されている．各部分はドメインと呼ばれるグループを意味しており，各ドメインは図 8.3 に示すような階層的な構造をしている．図中の最上位ノードである root を始点として，FQDN を構成する各部分を右側から順に選択（jp → ac → osakafu-u → cs → casper）していくことで特定のコンピュータにたどり着くことができる．jp は「日本」，ac は「教育機関」，osakafu-u は「大阪府立大学」，cs は「知能情報工学科」をそれぞれ意味しており，全体では「日本の教育機関である大阪府立大学の知能情報工学科にある casper という名前のコンピュータ」を意味している．

なお，FQDN を構成する各部分はラベルと呼ばれ，各ラベルには図 8.4 に示すような名称がついている．一番左のラベルをホスト名と呼び，残りのラベルについては右側からトップレベルドメイン名，第 2 レベルドメイン名，第 3 レベルドメイン名，…と呼ぶ．トップレベルからあるレベルまでのラベルを連結したドメイン名により，組織を表現することができる．たとえば，「日本の学術機関の大阪府立大学」という組織は，osakafu-u.ac.jp というドメイン名で表現できる．

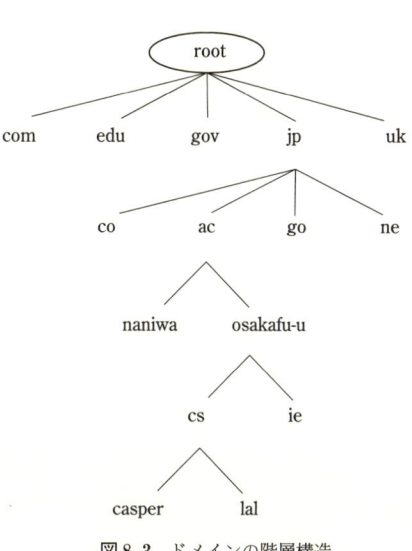

図 8.3 ドメインの階層構造

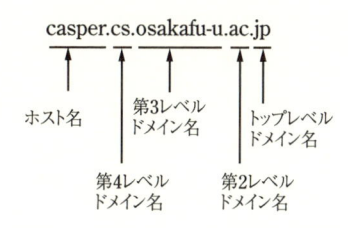

図 8.4 FQDN を構成するラベルの名称

8.2.2 DNS

　FQDNを使用してインターネット上のコンピュータを指定する方法が人間にとって便利であることはわかった．しかし，自分が使用しているコンピュータで起動されたアプリケーションプログラムが，インターネット上にある他のコンピュータとデータ通信を行うためには，相手コンピュータのIPアドレスが不可欠である．そこで，人間にとって便利なFQDNを，コンピュータにとって都合のよいIPアドレスに変換する必要がある．このFQDN→IPアドレスの変換はDNS (Domain Name System) により実現されており，DNSサーバが変換作業を行う．DNSサーバとは，「FQDNとIPアドレスとの変換表」を保持しておき，FQDN→IPアドレスの変換依頼に対して回答をするコンピュータのことである．ただし，インターネット上の全コンピュータの変換表を保持しているわけではないので，自分自身だけではIPアドレスへの変換ができない場合もある．このような場合は，DNSの統括の役目をしているルートDNSサーバへ問い合わせを行い，引き続いてFQDNのトップレベルドメイン名，第2レベルドメイン名，…の順に各ドメインを担当するDNSサーバへ問い合わせることで，最終的にIPアドレスを得ることができる．

　では，図8.5に示した例を使ってDNSの処理概要を説明しよう．図中の左下にあるコンピュータが，A君が会社で使用しているコンピュータであるとする．A君はこのコンピュータでWebブラウザを起動して，大阪府立大学のホームページを閲覧しようとしている．A君は目的のホームページのコンピュータのFQDNである「www.osakafu-u.ac.jp」を入力し，大阪府立大学のWebサーバからデータを受け取ろうとする．一方，Webブラウザのプログラムは，通信相手のコンピュータのIPアドレスを知るために，手順①でA君の会社内にあるDNSサーバに「www.osakafu-u.ac.jpのIPアドレスへの変換」を依頼する．

　ところが，会社のDNSサーバが保持している変換表にはwww.osakafu-u.ac.jpは含まれておらず変換ができなかったので，手順②でルートDNSサーバへ問い合わせを行う．FQDNのトップレベルドメイン名がjpであるので，ルートDNSサーバは手順③でjpドメインを担当するDNSサーバのIPアド

8.2 DNS

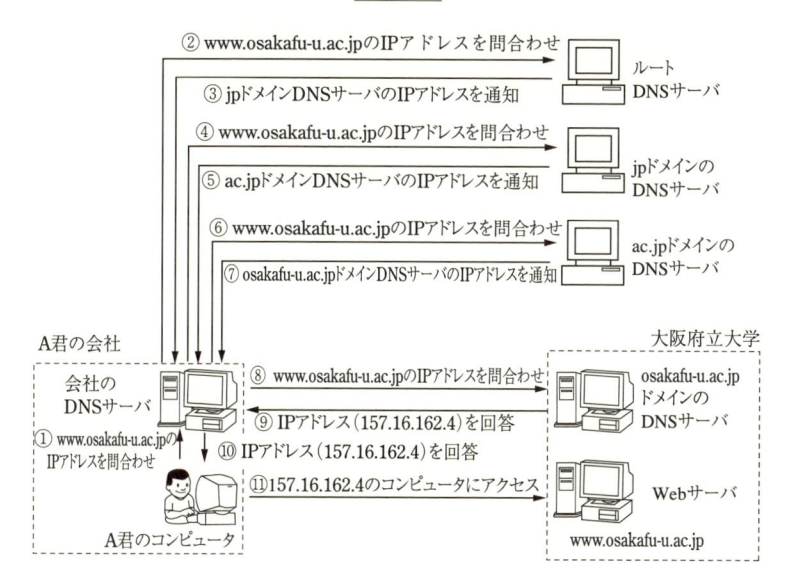

図 8.5 DNS による FQDN → IP アドレス変換の処理過程

レスを通知する．

　手順④で会社の DNS サーバは jp ドメイン担当の DNS サーバへ問い合わせを行う．この問い合わせに対して，FQDN の第 2 レベルドメイン名が ac であるので，jp ドメイン担当の DNS サーバは手順⑤で ac.jp を担当する DNS サーバの IP アドレスを通知する．

　手順⑥で会社の DNS サーバは ac.jp ドメイン担当の DNS サーバへ問い合わせを行う．この問い合わせに対して，FQDN の第 3 レベルドメイン名が osakafu-u であるので，ac.jp ドメイン担当の DNS サーバは手順⑦で osakafu-u.ac.jp を担当する DNS サーバの IP アドレスを通知する．

　手順⑧で会社の DNS サーバは osakafu-u.ac.jp ドメイン担当の DNS サーバへ問い合わせを行う．osakafu-u.ac.jp ドメイン担当の DNS サーバは自分の組織内にあるコンピュータの FQDN と IP アドレスの変換表を保持している．この変換表を参照することで www.osakafu-u.ac.jp の IP アドレスが 157.16.162.4 であることがわかるので，手順⑨でこの IP アドレスを回答する．

　手順⑩で，会社の DNS サーバは A 君のコンピュータに IP アドレスを回

答する．手順⑪では，DNS サーバにより得られた IP アドレスを使用して，A 君のコンピュータは大阪府立大学の Web サーバにアクセスすることができるようになる．

なお，DNS サーバは過去の問い合わせ結果をキャッシュ（一時的に保持）する機能を有している．したがって，自組織内（A 君の会社内）の他のコンピュータから同じ問い合わせがあった場合は，会社の DNS サーバは再びルート DNS サーバに問い合わせることはせずに，キャッシュを参照して IP アドレスを回答することができる．すなわち，手順①⑩⑪だけで処理を完了することができる．

以上の説明には多くの DNS サーバが登場するが，その中でも重要と思われる 3 種類の DNS サーバ（ローカル DNS サーバ，ルート DNS サーバ，オーソリティブ DNS サーバ）について解説しておく．

ローカル DNS サーバは，ある組織内のコンピュータが DNS を利用する際に一番初めに問い合わせるサーバのことである．前述の例では A 君の会社の DNS サーバがローカル DNS サーバに相当し，この会社内のコンピュータは最初にこのサーバに問い合わせを行う．

ルート DNS サーバは DNS の統括役ともいえるサーバであり，ローカル DNS サーバで解決できなかった場合に，次に問い合わせるサーバである．ルート DNS サーバは 2010 年現在においては北米 10 台，欧州 2 台，日本 1 台の合計 13 台が稼動している．

オーソリティブ DNS サーバは，問い合わせた FQDN に対応する IP アドレスの情報を有しているサーバであり，前述の例では大阪府立大学の DNS サーバに相当する．当然のことではあるがオーソリティブ DNS サーバには，自組織のコンピュータに関する FQDN と IP アドレスの情報が登録されている必要がある．

以上，DNS の概要について述べた．詳細については RFC 1034, FRC 1035 を参照して頂きたい．

8.3 電子メール (SMTP, POP)

インターネットを利用している多くのユーザがネットワークの相互接続の有効性を強く実感できるアプリケーションの1つに電子メールがある．実際に電子メールを活用している読者も多いと思われる．以下では，電子メールが配送される過程の概要について述べる．

8.3.1 SMTP

いま図8.6において，ホスト1のユーザ1という人が，ネットワーク上に接続されているホスト2のユーザ2という人に対して電子メールを送る場合を考える．

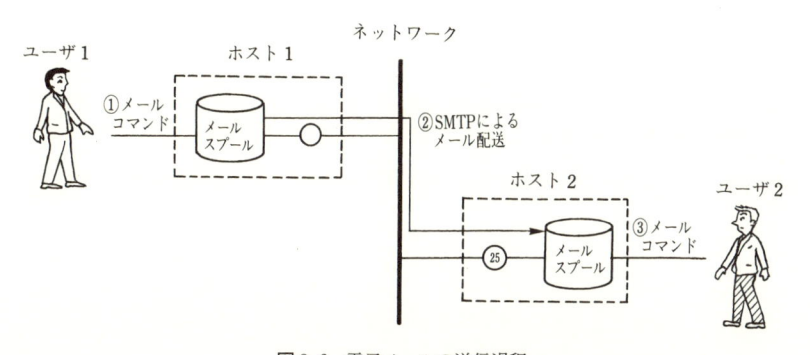

図8.6 電子メールの送信過程

まず手順①では，ユーザ1はホスト1上でメールコマンドを実行して，電子メール用のプロトコルであるSMTP (Simple Mail Transfer Protocol) で規定されているフォーマットに従って電子メールの内容を作成し，メールスプール (mail spool) と呼ばれる所定の場所に電子メールを格納する．

次に手順②では，メールコマンドを受け付けたホスト1はメールスプールに電子メールが存在していることを察知すると，電子メールに含まれているヘッダを参照してホスト2のメールスプールへ電子メールの配送を行う．この配送の手順についてもSMTPにより規定されている．

最後に手順③では，ユーザ2はメールコマンドを利用してホスト2のメールスプールに蓄えられているメールを読むことができる．

もう少し電子メールに関する理解を深めるために

    (a) 電子メールのフォーマット（詳細は RFC 822 参照）

    (b) 電子メールの転送プロトコル（詳細は RFC 821 参照）

の2点について解説を加えることにする．

(a) 電子メールのフォーマット

図 8.7 に示すように，電子メールはヘッダ部と本文部（データ部）の2つの部分から構成され，それぞれの部分は空行により境界がつけられている．

```
Return-Path: bar@ss.cs.osakafu-u.ac.jp
Received: from rhea.ss.cs.osakafu-u.ac.jp by dione.ss.cs.osakafu-u.ac.jp (4.1/6.4J.6)
        id AA29146; Mon, 26 Sep 94 14:25:31 JST
Received: by rhea.ss.cs.osakafu-u.ac.jp (4.1/6.4J.6)
        id AA13688; Mon, 26 Sep 94 14:25:30 JST
Date: Mon, 26 Sep 94 14:25:30 JST                          ⎫
From: bar@ss.cs.osakafu-u.ac.jp (BAR)                      ⎬ ヘッダ部
Return-Path: <bar@ss.cs.osakafu-u.ac.jp>                   
Message-Id: <9409260525.AA13688@rhea.ss.cs.osakafu-u.ac.jp>
To: foo@ss.cs.osakafu-u.ac.jp
Subject: test                                              ⎭

This is a test mail.                                       } 本文部
```

図 8.7　電子メールの例（ヘッダ部と本文部）

表 8.2　電子メールのヘッダ部に用いられる主なフィールド
　　　　（詳細は RFC 822 参照）

フィールド名	意　味
To	メールの送信先
From	メールの発信元
Return-Path	メールの返事先
Cc	カーボンコピー（メールの複製の送信先）
Subject	メールの題名
Date	メールの発信日時
Message-Id	メールの識別番号
Received	メールの経路情報（経由したホストの情報）

本文部については，「ピリオドだけの行」を含むことが禁じられている以外は特に規定はない．

ヘッダ部は

　　（フィールド名）：　（フィールド本体）

の形式の行からなるヘッダフィールドの集合により構成されている．主なヘッダフィールドの種類と意味を表8.2に示す．

(b)　電子メールの転送プロトコル

SMTPは，電子メールの配送を行う2つのホスト間で図8.8に示すような転送手順に従って配送処理を行う．この例からわかるように，SMTPは"HELO"や"MAIL"などの英単語（または略語）から始まるコマンドと，3桁の数字から始まるメッセージとを相互に交換しながら電子メールの配送を行う．

図8.8の例は，ホストrheaのユーザbarからホストdioneのユーザfoo (foo@dione.ss.cs.osakafu-u.ac.jp) へ電子メールを配送する過程を示している．

```
      foo@dione.ss.cs.osakafu-u.ac.jp... Connecting to dione via smtp...
      Trying 157.16.16.16... connected.

      220 dione.ss.cs.osakafu-u.ac.jp Sendmail 4.1/6.4J.6 ready at Mon, 26 Sep 94 14:25:29 JST
①  >>> HELO rhea.ss.cs.osakafu-u.ac.jp
      250 dione.ss.cs.osakafu-u.ac.jp Hello rhea.ss.cs.osakafu-u.ac.jp, pleased to meet you
②  >>> MAIL From:<bar@ss.cs.osakafu-u.ac.jp>
      250 <bar@ss.cs.osakafu-u.ac.jp>... Sender ok
③  >>> RCPT To:<foo@dione.ss.cs.osakafu-u.ac.jp>
      250 <foo@dione.ss.cs.osakafu-u.ac.jp>... Recipient ok
④  >>> DATA
      354 Enter mail, end with '.' on a line by itself
      >>> .
      250 Mail accepted
⑤  >>> QUIT
      221 dione.ss.cs.osakafu-u.ac.jp delivering mail
      foo@dione.ss.cs.osakafu-u.ac.jp... Sent
```

図8.8　SMTPによる電子メールの配送

まず①で，ホストrheaはホストdioneへ"HELO"コマンドを送り，SMTPによる電子メールの配送を要求している．これに対して，ホストdioneは250番の"pleased to meet you"メッセージを送り返すことで配送の

開始を了承している．

次に②では，ホスト rhea からホスト dione へ"MAIL"コマンドにより電子メールの送り主（Sender）を通知する．これに対して，ホスト dione は 250番の"Sender ok"メッセージを送り返すことで送り主を正しく認識したことを通知する．

③では，ホスト rhea からホスト dione へ"RCPT"コマンドにより電子メールの受信者（Recipient）を通知する．やはり，ホスト dione は 250番の"Recipient ok"メッセージを送り返すことで受信者を正しく認識したことを通知する．

④では，ホスト rhea は"DATA"コマンドにより電子メールの送信を開始することを告げる．対するホスト dione は 354番の"Enter mail"メッセージにより電子メールの送信を促す．ホスト rhea は電子メールを送信した後，「．（ピリオド）」だけの行を送ることにより電子メールの送信が終了したことを通知する．これに対して，ホスト dione は 250番の"Mail accepted"メッセージにより電子メールを受信したことを通知する．

最後に⑤で，ホスト rhea はホスト dione に対して電子メールの配送処理が終了したことを"QUIT"コマンドにより通知し，コネクションの切断（終了）を要求している．

8.3.2 POP

コンピュータが高価なものであった時代には，1台のコンピュータを複数の人が共同利用していた．この当時は，図 8.6 で示したメール転送過程において，ホスト 2 を使用するのはユーザ 2 だけではなく，他のユーザもメールを読むためにはホスト 2 を使用する必要があった．一方，近年ではコンピュータの低価格化に伴って普及が進み，コンピュータも 1 人 1 台や 1 人複数台の時代となっている．このように各個人が自分専用のコンピュータを所有すると，当然のことながら手元にある個人用コンピュータでメールを読めた方が利便性が高くなる．

自分の手元のコンピュータでメールを読むことは，POP 3 (Post Office Protocol version 3) というプロトコルを用いて，メールの送受信を担当して

8.3 電子メール (SMTP, POP)

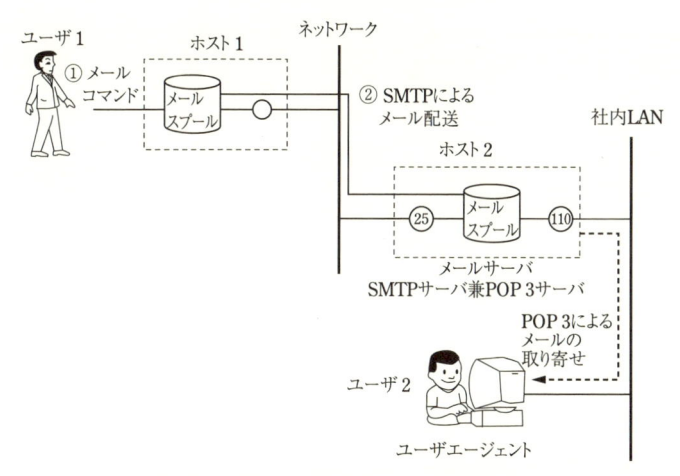

図8.9 POP3による電子メールの受信過程

いるコンピュータ（メールサーバ）からメールを取り寄せることにより実現されている．図8.9に示す例で説明をしよう．

会社員であるユーザ2は，社内で自分専用のコンピュータを使用しており，このコンピュータは社内のLANに接続されている．ここで，社外のユーザ1がユーザ2へメールを書いたとする．前項のSMTPで説明した手順に従い，このメールはホスト2のメールスプールに蓄えられる．ユーザ2が勤務する会社あてのメールの受け取り役をしているホスト2はSMTPサーバと呼ばれる．

次に，ユーザ2はPOP3プロトコルを使用して，ホスト2から個人用コンピュータにメールを取り寄せる．なお，POP3プロトコルにおいては，メールを取り寄せる側の個人用コンピュータをユーザエージェントと呼び，ユーザエージェントからのリクエストに従ってメールを提供するコンピュータ（図8.9ではホスト2）をPOP3サーバと呼んでいる．POP3サーバからユーザエージェントへメールを取り寄せる手順の一例を図8.10に示す．

まず①では，ユーザエージェントはユーザ名とパスワードをPOP3サーバに送信し，ユーザ2が正規のユーザであることを認証してもらう．

次に②では，ユーザエージェントはPOP3サーバに対してSTATコマンドやLISTコマンドを送信し，メールスプールに蓄積されているメールの一

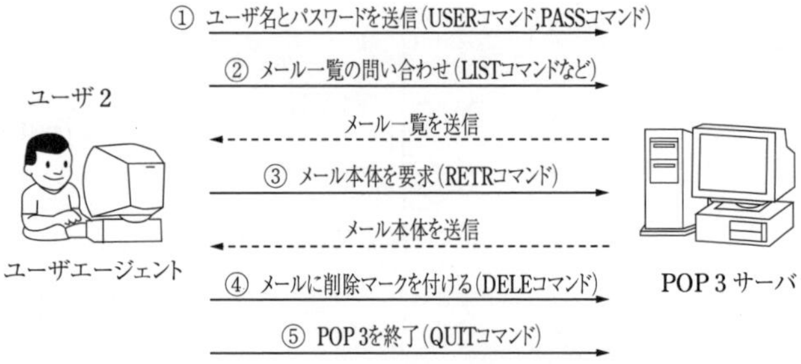

```
                ① ユーザ名とパスワードを送信（USERコマンド,PASSコマンド）
                ② メール一覧の問い合わせ（LISTコマンドなど）
    ユーザ2      - - - - - - メール一覧を送信 - - - - - -
                ③ メール本体を要求（RETRコマンド）
                - - - - - - メール本体を送信 - - - - - -
   ユーザエージェント ④ メールに削除マークを付ける（DELEコマンド）    POP3サーバ
                ⑤ POP3を終了（QUITコマンド）
```

図 8.10　POP3 によるメールの取り寄せ処理過程

覧を要求する．この要求に対して，POP3 サーバは「受信されているメール数，各メールのサイズ，全メールの合計サイズ」などの情報をユーザエージェントに送る．

③では，ユーザエージェントは一覧から読みたいメールを選択し，選択したメールの本文を要求する RETR コマンドを POP3 サーバに送信する．この要求に対して，POP3 サーバはリクエストされたメール本体をユーザエージェントに送る．

④では，読み終わったメールをメールスプールから削除するために，ユーザエージェントは DELE コマンドを送信し，コマンドを受け取った POP3 サーバは指定されたメールに削除マークをつける．

表 8.3　POP3 プロトコルで使用可能なコマンド（詳細は RFC 1939 参照）

コマンド	処理内容
DELE	指定したメールに削除マークをつける
LIST	各メールのサイズを調べる
NOOP	POP3 サーバからの応答を要求する（サーバが機能しているかを確認するため）
PASS	パスワードを送信する
QUIT	削除マークのついているメールを削除して POP3 を終了する
RETR	指定したメールの本文を要求する
RSET	メールにつけられた削除マークを消去する
STAT	メールスプール内のメール数および合計サイズを調べる
USER	ユーザ名を送信する

最後に⑤で，ユーザエージェントはQUITコマンドを送信することにより，POP3プロトコルを使用したメールのやり取りを終了することをPOP3サーバに伝える．POP3サーバは削除マークのついたメールを実際に削除した後，コネクションを開放する．

以上に述べた基本的な処理過程の中で用いたコマンド以外にも表8.3に示すようなコマンドも使用可能である．なお，詳細についてはRFC 1939を参照して頂きたい．

8.4 遠隔ログイン（TELNET）

TELNETプロトコルは，物理的に離れて位置するホストに手元の端末があたかも直接接続されているかのような環境を提供する．

いま図8.11に示されている例を考える．ホスト1に接続されている端末1があたかもホスト2に接続されているかのように振舞うために，TELNETは以下の経路で「端末1⇔ホスト2」間の通信を行う．

まず①では，端末1はホスト1のTELNETプログラム（クライアント）に対してキー入力を行う．なお，このときの通信フォーマットはホスト1独自のものである．

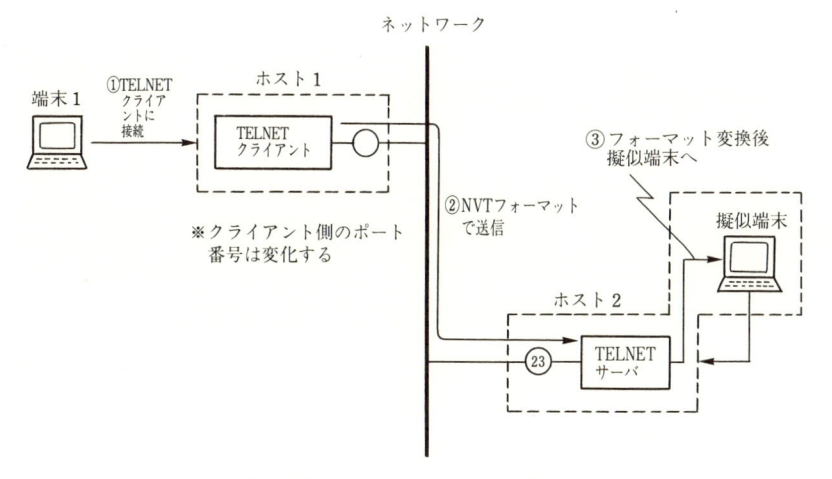

図8.11 TELNETプロトコルによる遠隔ログイン

次に②では，ホスト1のTELNETプログラムはTCPコネクションを介してホスト2のTELNETプログラム（サーバ）にキー入力の内容を伝送する．このTCPコネクション上ではNVT（Network Virtual Terminal）フォーマットと呼ばれるフォーマットにより通信を行う．すなわち，ホスト1側のTELNETプログラムは端末1からの入力内容をホスト1独自のフォーマットからNVTフォーマットへと変換した後に，ホスト2側のTELNETプログラムに送信するという処理を行う．

③では，ホスト2側のTELNETプログラムがNVTフォーマットからホスト2独自のフォーマットへの変換を行う．変換後，通信内容をホスト2に仮想的に接続されている（ハードウェア的なものではなくソフトウェア的な）端末である擬似端末（pseudo terminal）へ送る．この擬似端末はホスト2から見れば実際に接続されている端末と同様に取り扱われるため，ホスト1上の端末で入力した内容をホスト2に伝えることができる．

なお，ホスト2の出力は逆の経路をたどってホスト1に接続されている端末1に出力される．

このようにTCPコネクションとNVTフォーマットという共通のフォーマットとを介して両ホストのTELNETプログラムが通信することにより，遠隔ログインの機能が実現されている．なお，詳細についてはRFC 854を参照して頂きたい．

8.5　ファイル転送（FTP）

ネットワーク上に接続された2つのホスト間で各種ファイルの送受信を行うためにFTP（File Transfer Protocol）が利用される．

FTPもSMTPやTELNETと同様に2つのホスト間にTCPコネクションを確立して，ファイルの転送機能を提供している．図8.12に示すように，FTPは2本のTCPコネクションのうち一方をファイルやデータの転送用として使用し，他方をFTPの制御用に使用している．2つのホスト間でFTPのコネクションの確立が要求されると，まず最初に制御用のコネクションが確立される．そして，FTPプログラムを実行している間にファイルやデータの

8.5 ファイル転送（FTP）

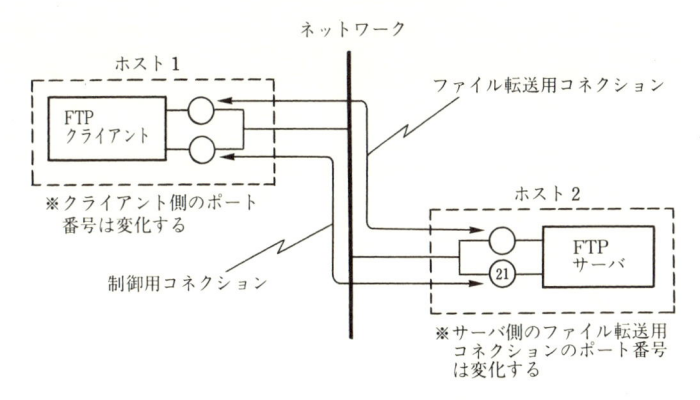

図 8.12 FTP により確立される 2 本の TCP コネクション
（ファイル転送用コネクションと制御用コネクション）

転送を行う必要が生じるごとにファイル転送用コネクションを確立し，転送が終わればファイル転送用コネクションを切断する．すなわち，ファイル転送用コネクションは動的に管理される．

制御用コネクションを使用して 2 つのホストはファイル転送に関するコマンドの発行や応答などを行っている．FTP ではこの制御用コネクションを介する通信のフォーマットとして，TELNET プロトコルが用いている NVT フォーマットを採用している．

FTP を用いたファイル転送の実例を図 8.13 に示す．この例は，ホスト cs-gw（別名 helios）のディレクトリ kou 7 にあるファイル host-sample.txt をホスト dione へ転送する過程を表している．

まず①では，ホスト cs-gw の FTP サーバに接続するために，USER コマンドと PASS コマンドを使用してユーザ名（利用者の識別 ID）とパスワードを通知する．この例では，ユーザ名＝ftp，パスワード＝foo@ss.cs.osakafu-u.ac.jp（電子メールのアドレス）としている．FTP サーバ側（ホスト cs-gw）は，331 番と 230 番のメッセージによりユーザ名とパスワードを承認したことを通知している．

②では，ファイルが格納されているディレクトリ kou 7 へ移動するために，CWD コマンドを発行している．FTP サーバは 250 番のメッセージによりディレクトリの移動に成功したことを通知している．

```
            220 cs-gw FTP server (Version wu-2.4(7) Tue Aug 30 18:58:21 JST 1994) ready.
            Name (helios:foo): ftp
            ---> USER ftp
    ①       331 Guest login ok, send your complete e-mail address as password.
            Password:
            ---> PASS foo@ss.cs.osakafu-u.ac.jp
            230 Guest login ok, access restrictions apply.
            ftp> cd kou7
    ②       ---> CWD kou7
            250 CWD command successful.
            ftp> ls
            ---> PORT 157,16,16,16,8,181
            200 PORT command successful.
            ---> NLST
            150 Opening ASCII mode data connection for file list.
            iinkai-kisoku.txt
            kanri-kitei.txt
            un-you-kitei.txt
    ③       ip-alloc.txt
            ip-sample.txt
            domain-alloc.txt
            domain-list.txt
            domain-sample.txt
            host-alloc.txt
            host-sample.txt
            226 Transfer complete.
            170 bytes received in 0.019 seconds (8.6 Kbytes/s)
            ftp> get host-sample.txt
            ---> PORT 157,16,16,16,8,182
            200 PORT command successful.
    ④       ---> RETR host-sample.txt
            150 Opening ASCII mode data connection for host-sample.txt (1539 bytes).
            226 Transfer complete.
            local: host-sample.txt remote: host-sample.txt
            1586 bytes received in 0.096 seconds (16 Kbytes/s)
            ftp> bye
    ⑤       ---> QUIT
            221 Goodbye.
```

図8.13 FTPによるファイル転送の例

③では，ディレクトリkou7に存在するファイルの一覧を得るために，まずPORTコマンドによりファイル転送用コネクションを確立し，NLSTコマンドにより得られたファイルの一覧をこのファイル転送用コネクションを介して転送している．

④では，ファイルhost-sample.txtを転送するために，まずPORTコマンドによりファイル転送用コネクションを確立し，RETRコマンドによりこのコネクションを介したファイルの転送を要求している．

⑤では，FTPによるファイル転送処理の終了をQUITコマンドにより

FTP サーバに通知している．

以上が FTP により提供されるファイル転送機能の概要である．詳細については RFC 959 を参照して頂きたい．

8.6　WWW（HTTP）

インターネットを利用した数々のアプリケーションの中で，現在最も頻繁に利用されているものは WWW(World Wide Web)であろう．「マイクロソフト社のインターネット・エクスプローラ」などのブラウザソフトを使用して各種ホームページを閲覧する際に使用されるプロトコルが HTTP（Hyper Text Transfer Protocol）である．

いま図 8.14 のように Web クライアント（ブラウザソフト）をユーザが操作することによって，Web サーバにより提供されているホームページの情報を閲覧する場合を考える．

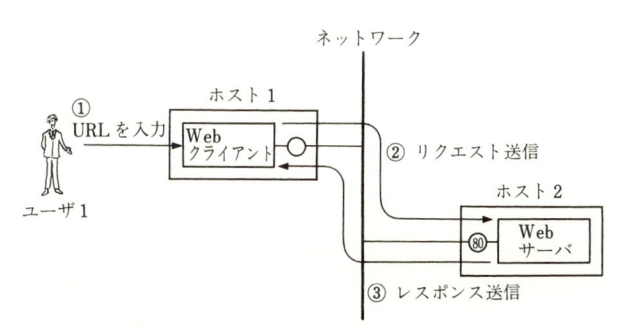

図 8.14　HTTP によるホームページの閲覧

まず①では Web クライアントに対して閲覧したい情報の所在を表す URL (Uniform Resource Locator) をユーザが指定する（図 8.15）．

次に②では，Web クライアントは指定された情報を提供する Web サーバとの間にコネクションを確立し，リクエスト（request）と呼ばれる HTTP メッセージを送る．リクエストは種々の項目で構成されており，「メソッド (method)」と呼ばれる項目の値が「GET メソッド」の場合には，Web サーバに対して情報の送信を要求することを意味する．

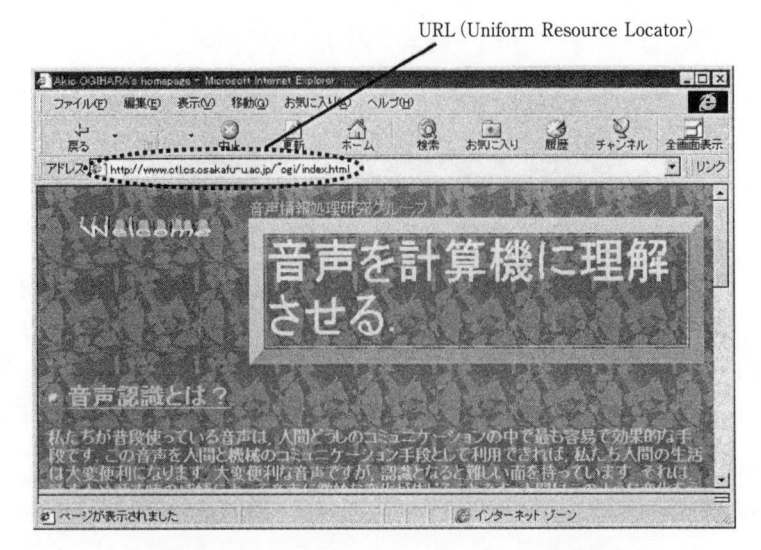

図8.15 ブラウザソフトによるホームページの閲覧例

③では，Webサーバは受信したリクエストの要求に応じて，レスポンス（response）と呼ばれるHTTPメッセージをWebクライアントに対して送信する．リクエストと同様にレスポンスも種々の項目から構成されており，メッセージボディ（message body）と呼ばれる項目を用いて文字や画像などのデータを伝送することにより，Webクライアントから要求のあった情報を提供する．

上記の手順は，WebクライアントとWebサーバとの間で直接のコネクションを確立する場合について述べた．他の形態として，図8.16のようにプロキシサーバ（proxy server）と呼ばれる中継用サーバを経由して，ローカルネットワーク内の各Webクライアントと（本来の）Webサーバとの間でHTTPメッセージの送受信を行う場合がある．たとえば，ユーザ1がWebサーバ1のホームページを閲覧すると，Webサーバ1から提供された情報はプロキシサーバにキャッシュ（一時的に保存）される．その後，ユーザ2が同じくWebサーバ1のホームページを閲覧しようとしたときには，Webサーバ1へのコネクションは確立せずに，プロキシサーバ上にキャッシュされた情報を提供する．このようにプロキシサーバを用いることで，重複する無駄な通信を回

8.6 WWW (HTTP)

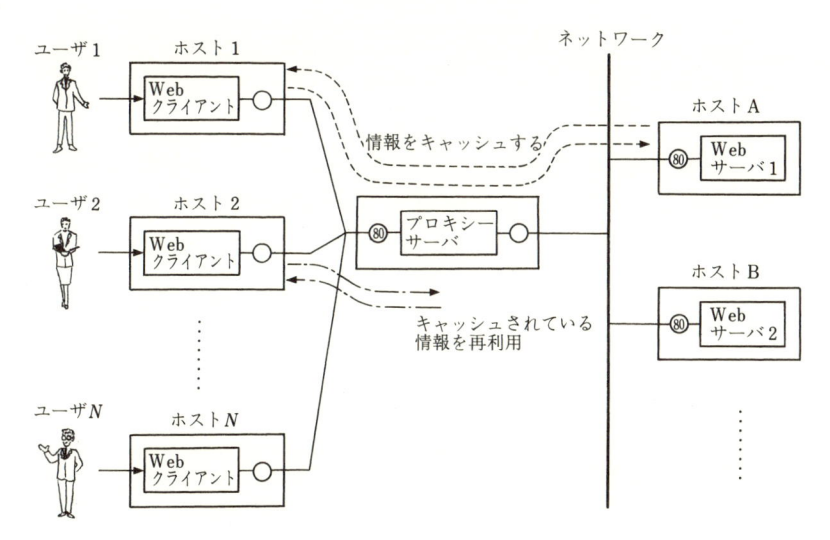

図 8.16 中継用サーバ (proxy server) を経由した利用形態

避するとともに，応答性を高めることができる．

以上が HTTP により提供される WWW の概要である．なお，HTTP の詳細については RFC 2068 を参照して頂きたい．

演習問題

8.1 「インターネット」という用語のもつ 2 つの意味を述べよ．
8.2 1 台の DNS サーバで全ドメインを管理せずに，階層構造により分割して各自のドメインを複数の DNS サーバで管理している理由を述べよ．
8.3 POP 3 では本文の取得（RETR コマンド）と削除（DELE コマンド）が分けられている．取得時に自動的に削除するのではなく，コマンドが分かれていることはどのような場合に有用か述べよ．
8.4 TELNET プログラム間で NVT フォーマットを介して通信を行う利点を述べよ．
8.5 FTP で 2 つのコネクションを確立する理由を述べよ．
8.6 HTTP においてキャッシュを利用するメリットとデメリットを述べよ．

演習問題略解

[1 章]

1.1 (略)

1.2 1.4 節参照

[2 章]

2.1 2.1 から 2.3 節参照

2.2 2.4.1 参照

[3 章]

3.1 ビットを表す信号の状態が隣り合うビット間で異なることが条件である．

3.2 量子化のレベル数を増やせば増やすほど実際の振幅値と量子化された振幅値との誤差が小さくなるので，復元されるアナログ信号は元の信号に近いものになる．

3.3 偶パリティであっても奇パリティであっても，奇数個の誤りに対しては偶奇が反転するので誤りが検出でき，偶数個の誤りに対しては偶奇が変わらないので誤りは検出できず，誤り検出能力はいずれも同じである．

3.4 CRC 符号の生成多項式の倍数で表される誤りが生じた場合，誤りを含んだ受信データは生成多項式で割り切れるので，誤りを含んでいるにもかかわらず誤りがないものと判定される．

3.5 HDLC 手順の伝送制御では '0111 1110' のフラッグパターンを用いるので，転送データに '1' が 5 個続くとその後に '0' を挿入することにより，転送データの中にフラッグパターンが現れないようにしている．受信側では，'1' が 5 個続いた後の '0' を取り除くことにより，元の転送データを得ることができる．

[4 章]

4.1 BPSK では，受信側で送信時と同じ搬送波を再生し，この位相を基準にして位相検出を行う．それに対して DBPSK では直前の信号区間の位相を基準にして位相検出を行うため，基準信号を生成する必要がない．

4.2 最大位相偏移は 135° である．

4.3 雑音の影響により受信信号点が誤って受信される場合，隣り合う信号点に誤る確率が一番大きい．したがって，隣り合う信号点間で対応するビットパターンの違いを 1 ビットにしておけば，データの誤りビット数は最小に抑えられる．

4.4 時分割多元接続の長所は，割り当てられた時間中はユーザ通信路の全帯域幅を使用できるので伝送容量が大きく，異なる伝送速度への対応はスロット長を可変にすることにより柔軟に対応できることである．短所は，送信タイミングの制御が必要になることである．周波数分割多元接続の長所は，信号が狭帯域で伝送されるので受信側での信号対雑音比を高くすることが比較的容易であること，信号は連続的であるので送信に当たって時間的な同期を必要としないことである．短所は，信号の狭帯域性により周波数選択性フェージングの影響を受けやすい，異なる伝送速度への対応が困難で柔軟性に乏しい，回線の設定変更に対し柔軟性が乏しいことである．

4.5 自チャネルでの同期を取るために鋭い自己相関特性を有する必要がある．また，他チャネルとの干渉を防ぐために，他の符号との相互相関特性ができるだけゼロに近いことが必要である．

[5 章]

5.1 たとえば，光ファイバのガラスの代わりのプラスチックを用いたプラスチックファイバがある．プラスチックファイバは，クラッド部分のみにプラスチックを使用するものと，コアとクラッドの両方にプラスチックを用いるものがある．グラスファイバと比較して，伝送損失や帯域などは劣るが，低価格で取り扱いが容易であるという特徴がある．

5.2 CSMA/CD 方式は，伝送媒体に信号が流れているかどうかを調べ，空いていればデータの送信を開始する．また，データ送信中に信号の衝突を検知すると，送信を一時中断し一定時間後に再送する．そのため，単位時間当たりのトラフィックが増えると信号の衝突の割合が増加し，再送も増えるため，ある値（伝

送路の使用率30%程度）を超えると伝送効率が悪くなり，70%を超えるとほとんど通信ができない状態となる．

5.3 トークンパッシングリング方式は，データを送信する権利としてトークンを確保することにより送信可能なノードとなるため，一般的にはトラフィックが増えてもCSMA/CD方式のように信号の衝突が起こらないので，伝送効率が低下しない．しかし，ブロードキャストのような一斉同報通信が大量に発生した場合にはネットワークがダウンすることが考えられる．また，リング上の複数の機器に障害が発生すると，リングそのものが通信不能になることが考えられる．

5.4 代表的なものとして，(1) 1つのアクセスポイントを複数の機器で共有して使用する場合の伝送速度の低下，(2) 他の無線機器との混線（家電製品が発する電磁波，医療機器に与える影響など），(3) 盗聴や妨害などのセキュリティの問題がある．

[6 章]

6.1 アクセス網および中継網の交換機間を結ぶ共通線信号網を用いて，相手の電話番号を担当する交換機を即座に見つけ出し，回線状況を考慮の上，経路を見つけ出す．

6.2 VCでは，端末が直接つながる交換機においてまず相手方の端末の論理的な番号割り当てを行い，さらに互いの交換機間で経路を設定する．その後，発信元から復旧要求が発信されるまではその設定を記憶しておき，端末間でデータ伝送が生じるたびに，その設定に基づき伝送が行われるから．

6.3 セルリレー：物理層．フレームリレー：データリンク層と物理層．

6.4 周波数分割多重化（FDM），時分割多重化（TDM），波長多重化（WDM）など．

[7 章]

7.1 （図7.1参照）

7.2 ネットワーク層で規定されるIPアドレスと，1つ下の層であるデータリンク層で規定されるイーサネットアドレスの対応をとるためのプロトコル．ARPはIPアドレスをイーサネットアドレスに割り当て，RARPは逆にイーサネットアドレスをIPアドレスに割り当てる．

7.3 (図 7.7 参照)

7.4 TCP はエラー検出および回復の機能を含んでおり，2 つのポート間にあたかも専用回線が存在するかのように振る舞い，一連のデータを順序どおりに転送できる回線（ストリーム）と見なすことができるが，UDP にはデータ誤り（エラー検出）の機能はあるが，自力で回復する機能は有していない．

7.5 送信者 A から受信者 B に通信文を送る場合，A は通信文のハッシュ値を A 自身の秘密鍵で暗号化し，これを電子署名として通信文とともに送信すればよい．通信文が 1 ビットでも改竄されていればハッシュ値は異なる値となるので，B は電子署名を A の公開鍵で復号化した値と，通信文から再度計算したハッシュ値とを比較し，一致すれば A 本人から送信された通信文であることを確認することができる．

[8 章]

8.1 「複数のコンピュータネットワークを相互に接続したネットワークの総称」と「アメリカ国防総省高等研究計画局が 1969 年に構成した ARPANET が発展，拡張されたネットワーク」．

8.2 サーバ障害時に柔軟に対応できる，負荷集中によるサーバのダウンを回避できる（負荷分散），近くにあるサーバを利用することで通信遅延を回避できる等．

8.3 外出先などで通常使用しているコンピュータ以外からメールをチェックするときには DELE コマンドは実行せずに，帰宅（帰社）後に常用のコンピュータで再度メールを取り込んだ後に削除できる．

8.4 通信相手のホストに接続されている端末のフォーマットに関する情報が不要となる．

8.5 制御用コネクションをファイル転送用コネクションと独立させることで，ファイル転送中にも新たな制御（たとえば転送の中止など）を可能とするため．

8.6 メリット：WAN の通信速度（インターネットの通信速度）が LAN の通信速度よりもかなり遅い場合には応答速度が改善する．デメリット：キャッシュを有効に利用するためにはある程度のディスク容量を確保する必要がある．オリジナルサーバでコンテンツが更新されていても，キャッシュに保存されている古いコンテンツを提供してしまう恐れがある．

参 考 文 献

（1） 福永邦雄，泉正夫，荻原昭夫 著：コンピュータ通信とネットワーク（第5版）（共立出版，2002）

[1 章]

（1） D. C. Flint 著（松下温訳）：ローカルエリアネットワーク入門（近代科学社，1984）
（2） 田畑孝一著：OSI（日本規格協会，1988）

[2 章]

（1） 宮原秀夫，尾家裕二：コンピュータネットワーク（共立出版，1999）
（2） 田畑孝一著：OSI―明日へのコンピュータネットワーク（日本規格協会，1987）
（3） 棟上昭男：OSI の応用（日本規格協会，1988）

[3 章]

（1） 汐崎 陽著：情報伝送の基礎（第2版）（国民科学社，1990）
（2） 汐崎 陽著：情報・符号理論の基礎（国民科学社，1991）

[4 章]

（1） 汐崎 陽著：情報伝送の基礎（第2版）（国民科学社，1990）
（2） 森川博之著：デジタル変調とアクセス方式
（http://www.mlab.t.u-tokyo.ac.jp/wireless 2004/2004.04.30-modulation.pdf，http://www.soi.wide.ad.jp/class/20000002/slides/03/01.html）
（3） 笠原正雄著：符号化変調方式 [III]（電子情報通信学会誌，Vol.72, No.3, pp. 306-316, 1989）
（4） 笹瀬 巌著：スペクトル拡散変調技術
（http://www.sasase.ics.keio.ac.jp/jugyo/2003/specto 2003.pdf）

（6） 安達文幸，上杉 充著：CDMA 技術の最新動向（電子情報通信学会誌，Vol. 86, No. 2, pp. 96-102, 2003）
（7） 福地 一著：OFDM 技術の原理と利用動向―ディジタル放送から次世代移動通信まで―（電波技術協会報，No. 232, 2003）
（8） 鈴木 博著：無線通信における OFDM 技術―移動通信の話題を中心にして―（島田理化技報，No. 14, 2002）
（9） 笹瀬 巌著：直交周波数分割多重(OFDM)
(http://www.sasase.ics.keio.ac.jp/jugyo/2003/ODFM 2003.pdf)

 [5 章]

（1） 瀬戸康一郎，末永雅彦，二木均，大橋信孝 監修：ポイント図解式 ギガビット Ethernet 教科書（アスキー出版，1999）
（2） 石田修，瀬戸康一郎 監修：10 ギガビット Ethernet 教科書（IDG ジャパン，2002）
（3） IEEE：IEEE Standard for Local Area Networks, Token Ring Access Method and Physical Layer Specifications（John Wiley and Sons, Inc., 1985）
（4） 石田晴久 監修：要点チェック式 インターネット教科書［上］（I & E 神蔵研究所，2002）

 [6 章]

（1） 富永英義，石川宏 監修：標準 ATM 教科書（アスキー出版局，1995）
（2） 笠野英松 監修：通信プロトコル辞典（アスキー出版局，1996）
（3） 石川宏 監修：絵とき ATM ネットワークバイブル（オーム社，1995）
（4） 井上伸雄 著：基礎からの通信ネットワーク（オプトロニクス社，2004）
（5） 川島幸之助，宮保憲治，増田悦夫 著：最新コンピュータネットワーク技術の基礎（電気通信協会，2003）
（6） 都丸敬介 著：わかりやすい情報通信ネットワーク（ソフト・リサーチ・センター，2003）

 [7 章]

（1） 井上伸雄 著：基礎からの通信ネットワーク（オプトロニクス社，2004）
（2） John M. Davidson 著（後藤滋樹，村上健一郎，野島久雄 訳）：はやわかり

TCP/IP（共立出版，1991）
（3）Douglas Comer 著（村井純，楠本博之 訳）：第2版 TCP/IP によるネットワーク構築 Vol.1 （共立出版，1993）
（4）村井純，砂原秀樹，横手靖彦 著：UNIX ワークステーションI＜基礎技術編＞（アスキー出版，1987）
（5）川島幸之助，宮保憲治，増田悦夫 著：最新コンピュータネットワーク技術の基礎（電気通信協会，2003）
（6）N.コブリッツ著，林彬訳：暗号の代数理論（シュプリンガー・フェアラーク東京，1999）
（7）結城浩著：暗号技術入門 秘密の国のアリス（ソフトバンク パブリッシング，2003）
（8）山口英，鈴木裕信編：情報セキュリティ（共立出版，2000）
（9）W. スターリングス著（石橋啓一郎ほか訳）：暗号とネットワークセキュリティ 理論と実際（ピアソン・エデュケーション，2001）
（10）阪田史郎 編著：ユビキタス技術 無線 LAN（オーム社，2004）

[8 章]

（1）John M. Davidson 著（後藤滋樹，村上健一郎，野島久雄訳）：はやわかり TCP/IP（共立出版，1991）
（2）Douglas E. Comer 著（村井純，楠本博之訳）：第4版 TCP/IP によるネットワーク構築 Vol.I （共立出版，2002）
（3）村井純，砂原秀樹，横手靖彦著：UNIX ワークステーションI＜基礎技術編＞（アスキー出版，1987）
（4）秋丸春夫，奥山徹著：情報通信プロトコル―LAN とインターネット―（オーム社，2001）
（5）砂原秀樹，知念賢一，中田秀基，松岡聡，後藤滋樹著：ネットワークアプリケーション（岩波書店，2003）
（6）James F. Kurose, Keith W. Ross 著（岡田博美監訳）：インターネット技術のすべて（ピアソン・エデュケーション，2004）

索　引

〈ア　行〉

アクセス制御 …………………………… 94
アクセス制御方式 ……………………… 75
アクティビティ ………………………… 22
アプリケーション層 …………………… 23
誤り検出符号 …………………………… 35
誤り制御 ………………………………… 33
誤り制御符号 …………………………… 34
誤り訂正符号 …………………………… 35
誤り訂正方式 …………………………… 34
暗号化 ………………………………… 151

イーサネット …………………………… 75
位相スペクトラム ……………………… 48
インターネット ……………………… 163

遠隔ログイン ………………………… 178

オクテット ……………………………… 82
オーソリティブDNSサーバ ………… 170
オート・ネゴシエーション ………… 101

〈カ　行〉

開始デリミタ …………………………… 94
回線交換 ……………………………… 107
回線状態監視過程 ……………………… 81
開放型モデル …………………………… 10
鍵 ……………………………………… 151
拡散符号 ………………………………… 59
ガードインターバル …………………… 63
加入者交換機 ………………………… 107
カーネル ………………………………… 20
監視局 …………………………………… 97

ギガビットイーサネット …………… 100
擬似雑音符号 …………………………… 59
擬似端末 ……………………………… 178

〈サ　行〉

基本機能 ………………………………… 21
機密性 ………………………………… 151
キャラクタ同期 ………………………… 43
キャラクタパリティ …………………… 35
共通鍵暗号 …………………………… 151

広域通信網 …………………………… 105
公開鍵暗号 …………………………… 151, 152

最大転送単位 ………………………… 138
差分BPSK ……………………………… 53
差分PSK ………………………………… 52
差分QPSK ……………………………… 54
差分マンチェスタコード ……………… 94

市外交換機 …………………………… 108
自動再送要求方式 ……………………… 34
市内交換機 …………………………… 105
時分割多元接続 …………………… 57, 58
時分割多重化 ……………………… 33, 120
ジャム …………………………………… 84
周波数スペクトラム …………………… 48
周波数分割多元接続 …………………… 58
周波数分割多重化 …………………… 120
周波数ホッピング方式 ………………… 60
終了デリミタ …………………………… 94
巡回符号 ………………………………… 36
所有者交換機 ………………………… 105
シングルモード光ファイバケーブル … 71
振幅スペクトラム ……………………… 48

垂直パリティ …………………………… 35
スペクトラム拡散変調方式 …………… 59
スペクトル拡散変調方式 ……………… 59
3ウェイハンドシェイク …………… 148

生成多項式 ……………………………… 37

正当性	151
セッション層	20
接続完了パケット	111
切断指示パケット	111
セル	117
セルリレー	116
全二重モード	44
ソケット	147

〈タ 行〉

帯域変動型ネットワーク	126
ダイコード	31
ダイパルス符号	31
ダイヤリング信号	110
宅内回線終端装置	12
多元接続	57
多重化	20
単一誤り検査符号	35
単極NRZ符号	31
単極RZ符号	31
単方向モード	44
着呼受付パケット	111
着呼要求	111
中継交換機	108
調歩同期方式	44
直接拡散方式	60
直流遮断特性	29
直交周波数分割多重変調方式	62
ツイストペアケーブル	69
通信サービス品質	20
デジタルハイアラーキ	119
データ回線終端装置	11
データグラム	124, 136
データ交換方式	105
データ受信過程	85
データ送信過程	82
データ端末装置	3, 105
データ通信	2
データ伝送制御手順	86
データユニット	94
データリンクコネクション識別子	114
データリンク層	13
電子メール	171
伝送符号形式	29
伝送メディア	68
伝送モード	44
同期デジタルハイアラーキ	119
同期方式	41
統合化デジタルサービス網	106
同軸ケーブル	68
トークン	91, 94
トークン管理	21
トークンパッシング	89
ドメイン	167
トランスポート層	17

〈ナ 行〉

ネットワーク層	15

〈ハ 行〉

バイポーラ符号	31
ハイレベルデータリンク制御手順	112
パケット	111
パケット交換	110
バーチャルコール	111
波長多重化	120
バックオフ時間	84
発呼要求	111
ハミング符号	40
パリティ	35
パリティ検査記号	35
パルス符号変調	32
搬送帯域伝送方式	49
半二重モード	44
光ファイバケーブル	70
ビット	2
ビット同期	41
非同期転送モード	116
非同期方式	41
標本化	32
ファイル転送	179
ファーストイーサネット	100
フェージング	62

索　引

復号化	151
符号化	32
符号化変調方式	57
符号多項式	37
符号分割多元接続	58, 59, 61
復旧確認パケット	111
復旧要求パケット	111
物理層	11
物理レイヤ	117
フラグメント	137, 139
フラグメント化	139
フラグ同期	43
プリアンブル	82
プレゼンテーション層	23
フレームリレー	113
プロキシサーバ	182
プロセス	18
ブロックチェックキャラクタ	36
ブロック同期	43
ブロードキャストアドレス	130
プロトコル	9
分流化	20
ベストエフォート型ネットワーク	126
ベースバンド伝送方式	29
ヘッダフィールド	173
ポート	165
ポート番号	166

〈マ 行〉

マルチキャスト	128
マルチキャリア変調方式	62
マルチパス障害	64
マルチモード光ファイバケーブル	71
マンチェスタコーディング信号	78
マンチェスタ符号	32
メディア接続ユニット	77

〈ヤ 行〉

ユーザエージェント	175
ユーザ網インタフェース	106
π/4 シフト QPSK	54

〈ラ 行〉

ラウンドトリップタイム	149
ラベル	167
両極 NRZ 符号	31
両極 RZ 符号	31
量子化	32
ルート DNS サーバ	170
ローカル DNS サーバ	170

〈英 名〉

ACK フラグ	146, 148, 149, 150
ADSL	3
ANSI	89
ARP	127, 130
ARP 応答メッセージ	131
ARP 要求メッセージ	131
ARQ	34
ASK	49
asynchronous transfer mode	116
ATM	116
ATM クロスコネクト	119
ATM 交換機	119
ATM レイヤ	117
BCC	36
BCC 方式	35
BCS 方式	37
bit	2
bps	2
BPSK	52
CCITT	9
CDMA	58, 61
CIR	115
committed information rate	115
CPFSK	49
CRC 符号	37
CRC-12 符号	39
CRC-16 符号	39
CRC-CCITT 符号	39
CSMA/CA	103

索　引

CSMA/CD 方式	76	IP-VPN	126
		IP アドレス	127
DARPA	164	IP パケット	124
DBPSK	53	ISDN	106
DCE	11	ISO	9
DLCI	114		
DNS	168	LAN	2, 67
DNS サーバ	168	LAPB 手順	112
4 D-PAM 5	101	LAPF 手順	113
DPSK	52	LLC	86
DQPSK	54	local area network	2
DSAP アドレス	87	local switch	107
DSU	12		
DTE	3, 105	MAC 層	94
DWDM	120	MAC 手順	80
		MLT-3	101
ESP	155	MSK	50
		MTU	138
FDM	120		
FDMA	58	NIC	3
FEC	34	NVT フォーマット	178
FIN フラグ	146, 149, 150		
FQDN	167	OFDM	62
FSK	49	Offset QPSK	55
FTP	178	OQPSK	55
		OSI モデル	10
GMSK	51		
		PCM	32
HDLC	112	permanent virtual circuit	112, 114
HTTP	181	PN	60
		POP 3	174
ICMP	127, 140	POP 3 サーバ	175
ICMP 送信先到達不能メッセージ	141	protocol	9
ICMP 発信元抑制メッセージ	141	PSK	51
IEEE 802	74	PVC	112, 114
IEEE 802.11	102		
IEEE 1394 方式	4	QAM	56
IKE	154	QoS	126
internet protocol	123	QPSK	53
IP	123, 127, 135	quality of service	126
IPoverATM	126		
IPoverFR	126	RARP	127, 133
IPoverSDH	126	RARP 応答メッセージ	135
IPoverWDM	126	RARP 要求メッセージ	134
IPsec	154		

SDH	119	UDP	142
SMTP	171	UDP擬似ヘッダ	144
SSAPアドレス	87	UDPデータグラム	143
SSL	157	UNI	106
STM	107	URL	181
STM-1	120	USB	4
STM-N	120	user datagram protocol	142
STP	69	UTP	69
SVC	114		
switched virtual circuit	114	VC	117
synchronous digital hierarchy	119	VCI	117
SYNフラグ	146, 148	virtual call	111
		virtual channel	117
TCP	123, 142, 145	virtual path	117
TCP/IP	26	VoIP	126
TCP/IPプロトコル	123	VP	117
TCP擬似ヘッダ	147	VPI	117
TCPセグメント	145	VPN	126, 157
TDM	33, 120		
TDMA	57, 58	WAN	2
TELNET	177	WDM	120
TLS	157	WEP	153
TLSハンドシェイクプロトコル	159	WWW	181
TLSレコードプロトコル	158		
toll switch	108	X.20	106
transfer control protocol	142	X.21	106
transmission control protocol	123		

〈編著者紹介〉

福永　邦雄　（ふくなが　くにお）
　　　1969 年　大阪府立大学大学院工学研究科修士課程修了
　　　専門分野　情報工学
　　　現　　在　大阪府立大学名誉教授．工学博士

コンピュータネットワークの基礎

2005 年 12 月 25 日　初版 1 刷発行
2010 年 3 月 15 日　初版 2 刷発行

検印廃止

編著者　福永　邦雄　©2005
発行者　南條　光章
発行所　共立出版株式会社

〒112-8700　東京都文京区小日向 4 丁目 6 番 19 号
電話　03-3947-2511
振替　00110-2-57035
URL　http://www.kyoritsu-pub.co.jp/

社団法人
自然科学書協会
会員

印刷：真興社／製本：ブロケード
NDC 547 / Printed in Japan

ISBN 4-320-12149-X

JCOPY　＜(社)出版者著作権管理機構委託出版物＞
本書の無断複写は著作権法上での例外を除き禁じられています．複写される場合は，そのつど事前に，(社)出版者著作権管理機構（電話 03-3513-6969，FAX 03-3513-6979，e-mail: info@jcopy.or.jp）の許諾を得てください．

実力養成の決定版………学力向上への近道！

やさしく学べる基礎数学 —線形代数・微分積分—
石村園子著……… A5・246頁・定価2100円(税込)

やさしく学べる線形代数
石村園子著……… A5・224頁・定価2100円(税込)

やさしく学べる微分積分
石村園子著……… A5・230頁・定価2100円(税込)

やさしく学べる微分方程式
石村園子著……… A5・228頁・定価2100円(税込)

やさしく学べる統計学
石村園子著……… A5・230頁・定価2100円(税込)

やさしく学べる離散数学
石村園子著……… A5・230頁・定価2100円(税込)

大学新入生のための 数学入門 増補版
石村園子著……… B5・230頁・定価2205円(税込)

大学新入生のための 微分積分入門
石村園子著……… B5・196頁・定価2100円(税込)

大学新入生のための 物理入門
廣岡秀明著……… B5・224頁・定価2100円(税込)

大学生のための例題で学ぶ 化学入門
大野公一・村田 滋他著……… A5・224頁・定価2310円(税込)

詳解 線形代数演習
鈴木七緒・安岡善則他編……… A5・276頁・定価2520円(税込)

詳解 微積分演習 I
福田安蔵・鈴木七緒他編……… A5・386頁・定価2205円(税込)

詳解 微積分演習 II
福田安蔵・安岡善則他編……… A5・222頁・定価1995円(税込)

詳解 微分方程式演習
福田安蔵・安岡善則他編……… A5・260頁・定価2520円(税込)

詳解 物理学演習 上
後藤憲一・山本邦夫他編……… A5・454頁・定価2520円(税込)

詳解 物理学演習 下
後藤憲一・西山敏之他編……… A5・416頁・定価2520円(税込)

詳解 物理/応用 数学演習
後藤憲一・山本邦夫他編……… A5・456頁・定価3570円(税込)

詳解 力学演習
後藤憲一・山本邦夫他編……… A5・374頁・定価2625円(税込)

詳解 電磁気学演習
後藤憲一・山崎修一郎編……… A5・460頁・定価2835円(税込)

詳解 理論/応用 量子力学演習
後藤憲一他編……… A5・412頁・定価4410円(税込)

詳解 電気回路演習 上
大下眞二郎著……… A5・394頁・定価3675円(税込)

詳解 電気回路演習 下
大下眞二郎著……… A5・348頁・定価3675円(税込)

明解演習 線形代数
小寺平治著……… A5・264頁・定価2100円(税込)

明解演習 微分積分
小寺平治著……… A5・264頁・定価2100円(税込)

明解演習 数理統計
小寺平治著……… A5・224頁・定価2520円(税込)

これからレポート・卒論を書く若者のために
酒井聡樹著……… A5・242頁・定価1890円(税込)

これから論文を書く若者のために 大改訂増補版
酒井聡樹著……… A5・326頁・定価2730円(税込)

これから学会発表する若者のために
—ポスターと口頭のプレゼン技術—
酒井聡樹著……… B5・182頁・定価2835円(税込)

〒112-8700 東京都文京区小日向4-6-19　共立出版　TEL 03-3947-9960／FAX 03-3947-2539
http://www.kyoritsu-pub.co.jp/　　郵便振替口座 00110-2-57035